菜用黄麻优良品种

图 1　闽麻菜 1 号

图 2　桂麻菜 1 号

图 3　桂麻菜 2 号

图 4　桂麻菜 3 号

图 5　桂麻菜 4 号　　　　　　　　　图 6　桂麻菜 5 号

图 7　福农 1 号

图 8　帝王菜 3 号

菜用黄麻栽培育种

图 9　育苗

图 10　移栽种植

图 11　直播种植

图 12　间苗、培土

图 13　水培

图 14　制种

图 15　绿秆菜用黄麻

图 16　红秆菜用黄麻

图 17　果实成熟前

图 18　种子成熟

菜用黄麻病虫害

图 19 立枯病

图 20 白绢病

图 21 炭疽病

图 22 根结线虫病

图 23　白粉病

图 24　果斑病

图 25　斜纹夜蛾

图 26　斑潜蝇

菜用黄麻采收与加工

图 27　采收

图 28　装箱

图 29　香麻茶干茶

图 30　香麻茶茶汤

图 31　菜用黄麻月饼

图 32　菜用黄麻饼干

图 33　菜用黄麻蛋糕

图 34　菜用黄麻酵素

图 35　菜用黄麻饮料

图 36　菜用黄麻黏液

图 37　菜用黄麻粉

图 38　菜用黄麻籽油

CAIYONG HUANGMA ZAIPEI JI LIYONG JISHU

菜用黄麻栽培及
利用技术

练冬梅　洪建基　等　编著

中国农业出版社

北　京

图书在版编目（CIP）数据

菜用黄麻栽培及利用技术 / 练冬梅等编著 . —北京：
中国农业出版社，2019.11
ISBN 978-7-109-25747-4

Ⅰ . ①菜… Ⅱ . ①练… Ⅲ . ①黄麻－蔬菜园艺 Ⅳ .
①S649

中国版本图书馆 CIP 数据核字（2019）第 155124 号

菜用黄麻栽培及利用技术
CAIYONG HUANGMA ZAIPEI JI LIYONG JISHU

中国农业出版社出版
地址：北京市朝阳区麦子店街 18 号楼
邮编：100125
责任编辑：孙鸣凤
版式设计：杜　然　责任校对：刘飔雨
印刷：中农印务有限公司
版次：2019 年 11 月第 1 版
印次：2019 年 11 月北京第 1 次印刷
发行：新华书店北京发行所
开本：880mm×1230mm　1/32
印张：3.75　　插页：4
字数：100 千字
定价：35.00 元

编写人员名单

主　编：练冬梅　洪建基

编　者：练冬梅　洪建基　赖正锋

　　　　姚运法　林碧珍　侯文焕

　　　　胡万群　赵艳红

资助项目

农业部现代农业产业技术体系"漳州黄/红麻试验站"（CARS—16S07）

福建省农业科学院学术著作出版基金

菜用黄麻（又称麻菜、帝王菜）属于黄麻（*Corchorus olitorius* L.）作物中可食用的品种类型，为椴树科（Tiliaceae）黄麻属（*Corchorus*）一年生草本植物，具有长果种和圆果种2个种，染色体数均为$2n=2x=14$。原产于阿拉伯半岛、埃及等地，早在4 000多年前就被以埃及为代表的阿拉伯国家作为传统蔬菜进行栽培。菜用黄麻主食部分富含膳食纤维、钙、硒、维生素、氨基酸、黄酮、茶多酚、总皂苷等营养成分，是具有保健价值的时新绿色蔬菜。其主要功能有：促进肠道蠕动，预防便秘；预防心脏病、糖尿病、高血压；对铅、铬等重金属毒害具有有效的缓解作用。目前，全世界各地区广泛栽培菜用黄麻，其栽培育种及利用技术不断趋于成熟。

编者根据多年来从事菜用黄麻育繁推的实践经验，在总结前人经验与成果的基础上，较全面地阐述了菜用黄麻的发展概况、生物学特性与生长发育规律。重点介绍了菜用黄麻育苗技术、栽培技术、遗传育种、病虫害防治等。本书编写的目的是进一步提高菜用黄麻栽培育种与加工技术水平，普及、推广菜用黄麻栽培技术，帮助广大蔬菜专业户和专业技术人员解决一些生产上的实际问题，提供理论和实践指导。

本书由福建省农业科学院亚热带农业研究所的科研工作者根据多年的科研成果，结合大量生产实践经验编写而成。全书由练冬梅、洪建基拟定撰写纲目，并负责统稿，其中练冬梅撰写 80％，洪建基撰写 15％，其余由赖正锋、姚运法等参与编写完成。本书撰写过程中，广泛参考了国内外知名专家的论著及文献，同时汲取了种植户及企业的生产实践经验，注重理论和实践相结合，理论知识通俗易懂，实践经验切合实际，具有较高的实用性和可操作性。书前附有彩图，可帮助读者更为直观地理解书中的内容。本书可供广大蔬菜生产专业户和科技工作者使用，也可供农业院校师生学习参考。

本书的出版得到福建省农业科学院亚热带农业研究所、现代农业产业技术体系和福建省农业科学院著作出版基金项目的大力支持，在此深表谢意。

由于编者水平有限，书中难免出现不当之处，敬请专家、同仁和读者批评指正。

编著者

2019 年 2 月

前言

第一章 概　述

第一节　起源、分布与栽培

菜用黄麻属于黄麻（*Corchorus olitorius* L.）作物中可食用的品种类型，为椴树科（Tiliaceae）黄麻属（*Corchorus*）一年生草本植物，具有长果种和圆果种2个种，又称麻菜、帝王菜、埃及锦葵、埃及野麻婴，阿拉伯人、日本人亦称之为莫洛海芽（muludhiya），英文名称为 Jews - mallow。世界各地均有菜用黄麻的分布与栽培，非洲为野生及栽培长果黄麻的世界起源中心，我国与印度、缅甸毗邻地区为栽培长果黄麻的次级起源中心；我国南部以及与之相邻的南亚、东南亚地区为世界野生圆果黄麻的起源中心，我国南部地区同时为世界栽培圆果黄麻的起源中心。阿拉伯半岛、埃及、苏丹、利比亚等地的菜用黄麻栽培历史悠久；在以埃及为中心的近东地区有5 000年以上的菜用黄麻栽培历史，菜用黄麻是该地区古代菜药兼用的名贵蔬菜品种，在埃及有"帝王菜"之称。根据埃及法老时期的纸草纸文献记载，在埃及的尼罗河岸边，埃及人往往将它的叶子摘下后晾晒干，经磨成碎末后长期保存并食用。据说，菜用黄麻起初在埃及被称作"姆鲁克亚"，埃及法蒂玛王朝的第六位哈里发哈基姆·巴马尔拉颁布命令禁止埃及的平民百姓吃这种植物，而专供王公大臣们食用，后来在百姓的口口相传中逐渐被叫成"姆鲁黑亚"。早在北宋苏颂所著《图经本草》（1061年）中，就有对菜用黄麻形态的简要描述。菜用黄麻主食嫩茎叶，食之爽脆、清香、糯滑，口感极佳。目前东南亚地区、美洲古巴、非洲等地均有广泛种植，我国福建、浙江、广西、广东等地区均有种植推广，其中广西和广东地区主要食用圆果种，而福建、重庆、湖南等地区主要食用长果种。据调查，福建省福州市台江区早在100多年前就有食用菜用黄麻的记载。菜用黄麻在栽培过程中少施或不施用农药，绿色、生态、无污染，适宜作为长寿养生蔬菜品种在我国南部地区及东盟国家大力推广。近年来，菜用黄麻逐渐被人们认识和青睐，我国已有多家企事业单位对其进行引种和开发。

第二节　福建省菜用黄麻发展与演变

第一阶段（1975—1984 年）：福建省黄麻种质资源的遗传多样性丰富，野生资源、地方品种多，从 1979 年开始，在国家农林部发布关于加强农作物品种资源工作的相关文件后，黄麻种质资源收集进入了一个新的发展阶段，收集黄麻品种资源 160 份，并编撰完成《中国黄麻红麻品种志》。生产方面，以黄麻种植为主，1975 年福建省种植面积达 10 万亩[①]，品种为黄麻 179、梅峰 4 号、闽麻 5 号、闽麻 91、闽麻 407 及引进的粤圆 5 号，亩产原麻 300～400kg，收获纤维作为包装利用。

第二阶段（1985—1994 年）：20 世纪 70 年代末，由于红麻产量高、耐瘠、耐旱，黄麻生产逐渐被红麻替代，黄麻种植面积萎缩，黄麻栽培种逐渐转变成野生状态。

第三阶段（1995—2005 年）：随着农业种植结构的调整，福

---

① 亩为非法定计量单位，1 亩＝$1/15hm^2$。下同。——编者注

建省黄麻种植面积逐渐减少，主要以繁种为主。福建成为全国三大黄麻种子繁育基地之一。

第四阶段（2006—2019 年）：随着国家对农业重视的加强，国家增加对麻类产业的投入力度，2006 年以来，先后设立国家"十一五"科技支撑计划项目、农业部公益性科研专项、国家科技基础条件平台项目，特别是 2008 年麻类列入国家现代农业产业技术体系以来，福建省获得了国家麻类产业技术体系的一个岗位专家和一个试验站，黄麻科研与示范推广经费得以稳定支持，福建省黄麻产业也得以恢复和发展。生产方面，黄麻种植逐渐恢复，黄麻种植面积达 1 万亩左右，主要分布在福建沿海地区，以菜用为主。

第三节　综合效益

菜用黄麻栽培及利用，具有显著的综合效益。

按照一般年份市场行情测算，出售时平均价格 5 元/kg，亩产量 1 500kg，每亩产值可达 7 500 元左右，扣除种子、肥料、农药、农膜、农机、承包费、人工费用等亩均成本 2 000 元左右，亩均纯收入 5 500 元左右，可实现较好的经济效益。

因菜用黄麻生长快，病虫害少，易栽培、易管理，适应性强，口感好，产量高，营养价值高，又能补充蔬菜淡季缺口，颇受市场欢迎，可以有效补充夏季居民的"菜篮子"，具有一定的社会效益。

夏季叶菜类品种少且叶菜类病虫害严重，居民叶菜选择少，因菜用黄麻整个生育期病虫害发生很轻，几乎无需防治，施肥量也较小，减少农药、化肥带来的污染，既保护了环境，又提高了生态效益。

第四节 营养成分及应用价值

菜用黄麻在埃及自古有"帝王菜"之称。在古代阿拉伯诸国的宫廷中，作为御膳使用也有悠久的历史。相传埃及国王病重时，曾每日饮此菜汁作为处方医治，结果很快痊愈，"帝王菜"由此而得名。菜用黄麻梢部鲜茎叶，营养保健成分极其丰富，含有丰富的粗蛋白、膳食纤维和木槿酸，主食部位含高膳食纤维，维生素 A、维生素 E、维生素 C 和钙、磷、铁、钾、镁、硒等元素丰富，低钠，不含铝，营养价值远高于菠菜、茼蒿等其他叶菜，是一种营养丰富、古老又新型的食药兼用型保健蔬菜。

一、营养成分

1. 嫩茎叶

嫩茎叶富含丰富的粗蛋白、膳食纤维，以及维生素 A、维生素 E、维生素 C 和钙、磷、铁、钾、镁、硒等元素，营养价值远高于菠菜、茼蒿等其他叶菜。每 100g 菜用黄麻嫩茎叶中蛋白质含量为 21.4g、总膳食纤维含量为 42.5g、总氨基酸含量为 18.4g，含有 7 种人体必需的氨基酸，含胡萝卜素 6.41mg、维生素 B_1 0.15mg、维生素 B_2 0.53mg、维生素 B_5 1.2mg、维生素 C 80mg、钾 700mg、钙 360mg、磷 122mg、铁 7.2mg，是一种补充人体矿物质元素和维生素的营养保健蔬菜。不同品种或种植环境，其各成分的含量也会有所差异。

2. 菜用黄麻嫩茎叶烘干粉主要成分与常见蔬菜营养物质的比较

蛋白质是构成体细胞的必要组分，体内的生理活动均由其来完成。此外，血红蛋白与载体蛋白有运输功能，抗体有参与机体防御免疫的作用。菜用黄麻中的蛋白质含量远高于西兰花、奶白菜、绿芦笋、韭菜、盖菜、小白菜、大白菜等其他常见蔬菜。

总膳食纤维在机体有诸多功效，如利于减肥、防治便秘、预防结肠与直肠癌、防治痔疮、促进钙吸收、缓解糖尿病症状以及预防妇女乳腺癌等。菜用黄麻中总膳食纤维的含量与西兰花、韭菜、绿芦笋、奶白菜、盖菜、小白菜、大白菜等其他蔬菜相比，含量最高。

维生素 E 有很强抗氧化性，可有效防止脂肪化合物、两种硫氨基酸和维生素 A 的氧化反应。同时，维生素 E 是一种重要的血管扩张剂和抗凝血物质。维生素 E 可以保护肺脏，还具有防止流产、供给体内氧气、美肤等作用。菜用黄麻中维生素 E 的含量与西兰花、盖菜、韭菜、小白菜、绿芦笋、奶白菜、大白菜等其他蔬菜相比，含量最高。

菜用黄麻中的维生素 E、蛋白质与总膳食纤维的含量远超西兰花、韭菜、大白菜、小白菜与盖菜中该成分的含量（表 1-1）。

表 1-1　菜用黄麻主要成分与常见蔬菜的营养物质比较

品种	蛋白质（%）	总膳食纤维（%）	维生素 C（g/100g）	维生素 E（g/100g）	β-胡萝卜素（mg/kg）
菜用黄麻	21.4	42.5	14.8	11.1	144
西兰花	3.5	3.7	56.0	0.76	151
韭菜	2.4	3.3	2.0	0.57	1 596
大白菜	1.0	1.0	8.0	0.06	10
小白菜	1.4	1.9	64.0	0.40	1 853
奶白菜	2.7	2.3	37.4	0.16	1 141
绿芦笋	2.6	2.8	7.0	0.19	20
盖菜	1.5	2.0	14.0	0.75	487

3. 菜用黄麻嫩茎叶烘干粉主要成分与常见蔬菜矿物质的比较

钙被称为"生命元素"，是人体最丰富的不可缺元素之一，其摄入量与人体的骨髓健康息息相关。钙离子对血液凝固有重要作用。钙缺乏会引起人体内分泌腺激素分泌紊乱，从而损害泌尿、神经、内分泌、呼吸、消化及生殖等正常功能。钙是骨骼的重要组分，参与体内的酸碱平衡与脂肪的代谢调节。与小白菜、奶白菜、盖菜、西兰花、韭菜、大白菜、绿芦笋等其他蔬菜相比，菜用黄麻钙含量最高。

磷能保持体内的代谢正常。此外，磷是生命物质核苷酸的组成部分，亦为核糖核酸和脱氧核糖核酸的基本组成单位。磷缺乏会引起红细胞、血小板或者白细胞的功能异常。与西兰花、奶白菜、绿芦笋、韭菜、盖菜、小白菜、大白菜等其他蔬菜相比，菜用黄麻磷含量最高。

钾能维持机体的神经和心肌运动，能维持细胞内渗透压平稳，调节体液的酸碱平衡。此外，钾能调节体内糖和蛋白质的代谢。当高钠引起高血压时，钾有降血压功能。钾缺乏会引起心跳加速、肌肉衰弱或者烦躁等现象。与绿芦笋、韭菜、西兰花、盖菜、奶白菜、小白菜、大白菜等其他蔬菜相比，菜用黄麻钾含量最高。

钠是细胞外液中的极重要带正电离子，约占细胞外液中阳离子的90%，是眼泪、汗液、胆汁和胰液的组分之一。钠有助维持神经肌肉兴奋性的功能。此外，它能调节血压。就钠含量而言，奶白菜＞小白菜＞盖菜＞西兰花＞大白菜＞菜用黄麻＞绿芦笋＞韭菜。菜用黄麻钠的含量较低，这符合了现代人们对低钠健康生活的要求。

镁与钙相协调或颉颃作用，调节神经、肌肉的传递和活动。由于任何涉及三磷酸腺苷的反应均需要镁离子的调节，因此镁离子是细胞呼吸酶系统和糖代谢不可或缺的重要因子。此外，镁离子也参与脂肪代谢调节。临床上，镁多用于维持心脏的节律正常。与奶白菜、小白菜、盖菜、韭菜、西兰花、绿芦笋、大白菜等其他蔬菜相比，菜用黄麻镁含量最高。

硒是机体谷胱甘肽过氧化物酶的必要组分，能够增强抗氧化与清除自由基的能力。研究发现，所有人体免疫的器官均含硒，因此硒能增强人体的免疫力。硒具有阻断病毒突变的能力，从而对病毒性疾病有预防作用。与韭菜、绿芦笋、盖菜、西兰花、奶白菜、小白菜、大白菜等其他蔬菜相比，菜用黄麻硒含量最高。

菜用黄麻中的钙含量、磷含量、钾含量、镁含量与硒含量远超西兰花、韭菜、大白菜、小白菜与盖菜等其他蔬菜，但是菜用黄麻中的钠含量远低于常见蔬菜（如奶白菜、小白菜、盖菜、西兰花、大白菜），故菜用黄麻可称为高钙、高钾、低钠的绿色、富硒保健蔬菜（表1-2）。

表1-2 菜用黄麻主要成分与常见蔬菜的矿物质比较

品种	钙 (mg/kg)	磷 (mg/100g)	钾 (mg/kg)	钠 (mg/kg)	镁 (mg/kg)	硒 (μg/100g)
菜用黄麻	17 000	420	40 000	130	4 200	2.00
西兰花	500	61	1 790	467	220	0.43
韭菜	440	45	2 410	58	240	1.33
大白菜	290	21	1 090	399	120	0.04
小白菜	1 170	26	1 160	1 322	300	0.39
奶白菜	660	55	1 260	1 702	410	0.43
绿芦笋	90	51	3 040	124	180	0.62
盖菜	760	33	1 500	735	280	0.56

4. 菜用黄麻籽

菜用黄麻籽进行榨油，其籽油含棕榈酸（17.40%）、硬脂酸（1.676%）、油酸（15.90%）、亚油酸（62.14%）及亚麻酸

（2.868％）。饱和脂肪酸含量较低，不饱和脂肪酸达80％以上，人体必需脂肪酸含量高于常见油脂类。

二、应用价值

菜用黄麻梢部鲜茎叶的营养保健成分极其丰富，含有丰富的粗蛋白、膳食纤维和木槿酸。主食部位是高膳食纤维，高维生素A、维生素E、维生素C，且钙、磷、铁、钾、镁、硒等元素丰富。营养价值远高于菠菜、茼蒿等其他叶菜，是一种营养丰富、古老又新型的食药兼用型保健蔬菜。菜用黄麻嫩茎叶生长速度快，在种植过程中可多次采收，并且营养丰富、全面，还具有药用功效。常食菜用黄麻不仅可补钙、钾、硒等元素，还具有提高人体免疫力、防癌抗癌、延缓衰老、抗疲劳、改善胃肠道功能等营养保健功效。

1. 食用价值

菜用黄麻主食部位为嫩茎叶，嫩茎质地爽脆，幼叶软滑清香，风味独特，口感极佳。菜用黄麻有炒食、煮汤、油炸、凉拌等多种食用方法，常被切碎用来熬制浓汤，汤的口感会变得浓稠，味道也很鲜美。菜用黄麻还常常被烘干并磨成粉末状作为食品添加剂，添加到面粉中，制作成高钙、高钾、富硒的菜用黄麻面条，可制成干湿面，面条色泽鲜绿，营养丰富，含大量的维生素、膳食纤维素、能量和矿物质，堪比菠菜面；还可用于制作糕点、饼干。菜用黄麻可用于制作保健饮品，将菜用黄麻嫩茎叶磨浆、过滤，得到菜汁，加入蜂蜜煮开即可，有消暑、保健之功效。另外，菜用黄麻籽可榨油以供食用。

2. 药用价值

埃及人将菜用黄麻叶片切细出黏质后作汤食用。印度人则认为其有强健身体的作用，并将干菜用黄麻叶用于治疗蛔虫病、红疹和麻风病。在日本，菜用黄麻被认为有防癌、改善体虚、消除疲劳的作用。我国自古将其作为药用，其根有发汗，叶有保护血管和强心的作用。

苏颂描述圆果种黄麻："今人用胡麻，叶如荏而狭尖，茎方，高四、五尺。黄花，生子成房，如胡麻角而小。嫩叶可食，甚甘滑，利大肠。皮亦可作布，类大麻，色黄而脆。俗亦谓之黄麻。其实黑色，如韭子而粒细，味苦如胆，杵末略无膏油。"据《本草纲目》《中国药植图鉴》记载，菜用黄麻叶味苦、性寒、无毒。入心、脾经。具有理气止痛、解毒排脓、止血的作用，用于治疗气机不畅所致的胸腹满闷疼痛、疮痈、脓疱、痢疾、中暑、喉痛、大便下血、河豚中毒、咯血、吐血以及崩漏等症。据《家庭药茶》，将菜用黄麻叶捣烂，外敷患处，每天换药一次，适用于治疗乳腺癌溃破不敛突出者。《须发保健与治疗方》中介绍，将菜用黄麻叶与黄麻子捣和，浸 3d，去滓，沐发 50g，可治疗白发及发落不生，起到润发、黑发、生发的作用。

（1）膳食纤维

早在 1839 年和 1889 年，美国的 Grahan 和英国的 Alhnson 便已研究发现膳食纤维的生理保健作用，但直到 20 世纪 60 年代，在大量的研究事实与流行病调查结果基础上，膳食纤维的生理功能才为人们所了解并逐渐得到公认。现在，膳食纤维已被大多数营养学家列为继蛋白质、可利用碳水化合物、水、脂肪、维生素、矿物元素之后的第七大营养元素，其重要生理功能：促进肠道蠕动，软化宿便，预防便秘、结肠癌及直肠癌；降低血液中的胆固醇、三酰甘油，预防肥胖；清除体内毒素，预防色斑、青春痘等皮肤问题；减少糖类在肠道内的吸收，降低餐后血糖；促进肠道有益菌增殖，提高人体吸收能力。2008 年 9 月，经福建省中心检验所（今福建省产品质量检验研究院）检测分析，菜用黄麻福农 1 号的膳食纤维含量为 9.4g/100g，是菠菜、芥菜和空心菜的 5~7 倍，极大地丰富了人们在蔬菜中膳食纤维的摄入量。

而且膳食纤维除了自身生理生化功能，还可以与其他营养素相互促进，共同维持人体生理健康。

（2）矿物质微量元素

微量元素在维持人体正常的生理机能中发挥着不可替代的作用，微量元素的缺乏会导致大量的疾病出现，如因缺铁导致的贫血、缺钙导致的骨质疏松等疾病。据原福建省中心检验所报告分析，菜用黄麻福农1号含有多种人体必需的微量元素，其中钙（Ca）、钾（K）、镁（Mg）、硒（Se）、铁（Fe）等含量相当丰富，钙含量是普通对照组蔬菜的10余倍，镁、钾、铁的含量也是对照组的3～5倍，微量元素硒含量是普通蔬菜的100多倍。

硒（Se）是一种比较稀有的准金属元素，在地壳中总的含量少于1mg/kg，1957年，科学家研究发现，人体中正常需含有0.05～0.2mg/kg的硒元素，缺乏时，会导致一系列疾病。其重要的生理功能：

抗氧化作用：硒是谷胱甘肽过氧化物酶（GSH－Px）的组成部分，在机体中具有抗氧化、清除体内脂质过氧化物、阻断活性氧和自由基损伤的作用；防止胰岛 β 细胞氧化破坏，使其功能正常，促进糖分代谢、降低血糖和尿糖，改善糖尿病患者的症状，起到防治糖尿病的作用。

保护心血管和心肌的健康：调查发现，机体缺硒可以引起心肌损伤为特征的克山病，还易导致心肌纤维坏死等。研究发现，在高硒地区人群中，心血管病发病率较低。

解毒作用：硒与金属有较强的亲和力，能与体内重金属（如汞、镉、铅等有害金属）结合成金属—硒—蛋白质复合物而起到解毒作用，并促进重金属排出体外。

抗肿瘤作用：研究发现，血硒水平的高低与癌的发生率息息相关；硒具有预防癌症的作用，是人体微量元素的"防癌之王"。

大量的调查资料说明，一个地区食物和土壤中硒含量的高低与癌症的发病率有直接关系，如该地区食物和土壤中的硒含量高，往往癌症的发病率和死亡率就低；反之，该地区的癌症发病率和死亡率就高。事实说明，硒与癌症的发生有着密切关系。

综上所述，硒是人体必需的微量元素，且不能自制，因此世界卫生组织建议每天补充 $200\mu g$ 硒，即每天食用 200g 的菜用黄麻，可有效预防多种疾病。世界营养学家、全球生物化学会主席巴博雅罗拉博士称："硒是延长寿命最重要的矿物质营养素，体现在它对人体的全面保护，我们不应该在生病时才想到它。"因此，菜用黄麻的出现填补了补硒蔬菜的空白。

钠（Na）是人体肌肉组织和神经组织的重要成分之一。据调查研究发现，当前我国特别是北方地区，食盐（主要钠源）摄入量严重超标，可引起中毒甚至死亡。急性中毒，可出现水肿、血压上升、血浆胆固醇升高、脂肪清除率降低、胃黏膜上皮细胞受损等。长期摄入过量的钠对人体会造成重大损伤，营养学专家推荐：成人钠的适宜摄入量（AI）为 2 200mg/d。菜用黄麻福农1号的钠含量明显低于普通蔬菜的钠含量，满足了当前人们对低钠食品的需求。

（3）维生素

维生素是人体代谢中必不可少的有机化合物，不断地进行着各种生化反应，其反应与酶的催化作用有密切关系。酶要产生活性，必须有辅酶参加。已知许多维生素是酶的辅酶或者是辅酶的组成分子。因此，维生素是维持和调节机体正常代谢的重要物质。可以认为，最好的维生素是以"生物活性物质"的形式存在于人体组织中的。在菜用黄麻检测的几种重要维生素中，维生素A、维生素 E 和维生素 C 的含量都达到了普通蔬菜的 3～5 倍，其他如 β-胡萝卜素等含量也高于普通蔬菜，因此菜用黄麻是补充维生素的良好蔬菜品种。

（4）人体必需氨基酸

菜用黄麻作为蔬菜可以有效地为人体提供必需氨基酸，其 9 种必需氨基酸（除色氨酸）含量比普通蔬菜高出 3～8 倍。人体必需氨基酸指人体不能合成或合成速度远不适应机体的需要，必须由食物蛋白供给的氨基酸，有赖氨酸（Lysine）、色氨酸（Tryptophane）、苯丙氨酸（Phenylalanine）、蛋氨酸（Methionine）、苏氨酸（Threonine）、异亮氨酸（Isoleucine）、亮氨酸（Leucine）、缬氨酸（Viline）8 种；另一种说法把组氨酸（Hlstidine）、精氨酸（Argnine）也列为必需氨基酸，总共为 10 种。

（5）活性多糖

菜用黄麻多糖的含量极高，远远高于普通蔬菜。活性多糖主要包括天然植物多糖和一些真菌多糖物质，在众多活性多糖物质中，最令人瞩目是真菌多糖。它存在于香菇、金针菇、黑木耳、灵芝、茯苓和猴头菇等大型食用菌中；某些植物中的多糖成分，可在薏米、紫菜、甘蔗、海藻以及百合科、石蒜科、兰科、虎耳草科等植物的黏液中提取。

活性多糖的生理功能：有些多糖可延缓机体细胞衰老的作用；有些多糖可提高机体运动能力，起到抗疲劳作用；有些多糖成为抗毒素的屏障；有些多糖能使肠道内的淀粉酶失活，发挥降血糖和降血脂的作用，可以用来治疗糖尿病和高血压。

3. 工业价值

将菜用黄麻粉与完全脱敏茶籽提取液添加到手工皂中，可使手工皂具有止痒、抗菌消炎、温和、润滑、抗衰老的功效；菜用黄麻澄清的提取液具有美白、保湿、修护、润肤、抗氧化和抗衰老等功能，可应用于美容护肤品、食品和药品制造等领域。

4. 其他应用价值

菜用黄麻未被食用前主要是麻纺工业原料。黄麻纺织行业有 150 年的悠久历史，虽然发展历程中也经历了高潮和低谷，黄麻产品最终成功地占领了世界包装领域的市场。黄麻的用途除传统上用作生产麻袋、土工布、地毯底布、墙布和窗帘布产品，由于其自然纤维具有抑菌、吸湿、透气性好等特性，纤维经软化处理，可与棉花混纺，生产中高档棉麻混纺面料。20 世纪 80 年代，由于各种化纤合成品和人工纤维进入市场及流水线工艺的引进，传统的黄麻产品在包装市场中的份额开始下滑，国际黄麻组织和各主产国采取发展多样化黄麻产品的思路，利用环保的黄麻纤维材料，生产新产品。在高附加值产品开发中，大量使用黄麻纤维。我国江苏紫荆花纺织科技企业等已利用黄麻纤维与棉花混纺，成功开发出摩维纺织面料，生产出系列纺织面料及系列产品。中国、日本、德国等国家已将黄麻纤维原料用于生产汽车内衬、纸地膜、轻型板材、绒毛浆、活性炭及环境友好吸附材料，对节约森林资源、保护生态环境、提高黄麻天然产品附加值等具有十分重要的社会经济效益与生态效益。

第二章 菜用黄麻的生物学特性及生长发育规律

第一节 生物学特性

一、根

菜用黄麻的根均为圆锥形直根系，由主根和多级侧根组成，主根发达粗壮，侧根也相当发达；苗期根系伸长速度是主茎生长速度的 6～8 倍，旺长期主根入土可达 1m 左右；侧根密布表土层 40～50cm 范围，向四周水平方向发展。菜用黄麻喜温暖气候，地表附近根部会长出不定根，用来吸收营养和完成呼吸作用，干旱季节要及时灌水，以防治根系早衰而影响产量。长果种菜用黄麻比圆果种菜用黄麻耐旱。

二、茎

菜用黄麻茎多直立，圆柱形，茎横切面由外向内依次为表皮、皮层、韧皮部、形成层、木质部和髓腔。茎表面光滑、具毛或具刺。茎外皮厚约 0.15cm，纤维环抱，韧性强，中有木质部，色白质轻，多分枝。茎表面颜色主要为绿色和红色，红茎又有紫红、微红之别，程度因品种花青素细胞多寡而异。株高一般在 1.0～2.0m，纤维用菜用黄麻品种株高可达 4.0m 以上，纤维支数可达 450 公支左右，高的可达 500 多公支，纤维品质优良。主茎粗 1～3cm，茎节长度不一，间间长度 4.5～7.0cm。多数品种有腋芽。菜用黄麻生长中后期，特别是长江以南地区，在连作土壤上立枯病为害严重，尤在茎基部发病严重。

三、叶

菜用黄麻为双子叶植物，子叶对生，叶片单片，交互生长在茎上，叶卵状或披针形或椭圆形，叶面平滑无毛，叶长 7.5～11.0cm，叶宽 4.2～5.2cm，叶色深绿，端尖边缘有锯齿，叶柄长约 4cm，绿色和红色，托叶长 0.1～1.0cm，托叶着生在叶柄两侧，呈尖形狭窄状，托叶与叶柄颜色一致（图 2-1）。最下面的一对锯齿长而呈钻形，绿色或红色，向下弯曲，长约 2cm，基出三大脉。菜用黄麻长果种叶片比圆果种细长。叶片平均寿命为 31d，长果种叶片无苦味，可食用，圆果种叶片大多有清淡苦味。

1. 茎秆一部分　2. 叶（正面）　3. 叶（背面）

图 2-1　菜用黄麻的茎和叶

资料来源：中国农业科学院麻类研究所，1985. 中国黄麻红麻品种志 [M]. 北京：农业出版社.

四、花

菜用黄麻在叶下常开黄色或红色小花，簇生 1～2 朵，花径 0.5～0.7cm，单瓣，为聚伞花序，两性完全花，自花授粉特性，为风媒花。丛生在茎梢部或侧枝上，与叶对生，每丛花数目一般

1. 花蕾　2. 果枝　3. 花

图 2-2　圆果种菜用黄麻

资料来源：中国农业科学院麻类研究所，1985. 中国黄麻红麻品种志[M]. 北京：农业出版社．

1. 花蕾　2. 果枝　3. 花

图 2-3　长果种菜用黄麻

资料来源：中国农业科学院麻类研究所，1985. 中国黄麻红麻品种志[M]. 北京：农业出版社．

为2～3朵。花瓣黄色或红色，完全花，花瓣5片，雌蕊1枚，柱头短，一般为2～4mm，5裂，圆果种子房为球形（图2-2），长果种子房为圆筒形（图2-3）。雄蕊多数，黄色，一般圆果种有24～27枚，长果种有26～60枚。花梗短约0.3cm，花梗中段长有小须7条。菜用黄麻花小，长果种花器比圆果种大。

五、果实

菜用黄麻圆果种蒴果为球形，直径1.0～1.5cm，表面有纵沟，沟脊突起，并有许多横纹，蒴果5室，每室有种子2行，蒴果不易开裂。长果种蒴果呈圆柱形，长6～10cm，蒴果末端有尖喙，表面布满纵长沟脊，蒴果有5～6室，每室有种子1行，蒴果易开裂。

六、种子

菜用黄麻种子，指菜用黄麻果实成熟后果荚内部的籽粒，种皮颜色丰富，有墨绿色、棕色、褐色等颜色，种仁淡黄色，含油丰富，且含不饱和脂肪酸高。圆果种成熟种子多为棕褐色，每个蒴果有种子30～40粒，种子有8～10棱，无翅，种子小，种子千粒重3g左右。长果种成熟种子多为墨绿色，个别种子呈灰黑色，每个蒴果有种子100～120粒，千粒重2g左右。菜用黄麻种子亩产可达200kg。种子含油率较高，保存条件以含水量8%以下、温度4℃保存效果较好。菜用黄麻以种子繁殖。

第二节 生长发育规律

一、温度

菜用黄麻属于短日照蔬菜，性喜温暖、耐热怕寒，不耐霜冻。15℃以下停止生长，遇霜枯死。种子发芽最低起点温度为

10.3±0.25℃，生长发育≥10℃有效积温需 3 000℃左右，种子发芽和生育期适温均为 20～25℃，茎叶生长适温为 22～30℃。气温在 35℃以上的高温干旱条件下即使田间灌溉，生长亦近乎停滞。菜用黄麻开花数量的多少与温度高低有关，在短日条件下，当日均气温在 25℃左右时，为开花的最适温度；超过 30℃时，授粉结果率低；低于 22℃时，开花数量明显减少。

二、水分

菜用黄麻耐旱，但不耐湿、不耐涝。不同生长发育阶段对水分需求明显不同，春季苗期气温低，生长量低，怕旱又怕涝，阴雨多湿，对水分需求量小，应注意排水，以利于菜用黄麻根系快速生长，避免因土壤湿度过大而诱发幼苗立枯病；进入旺长和采摘期，已有发达的根系，耐旱不耐涝，但在湿润条件下生长好，此时期植株生长势旺盛，叶面积增大，夏季气温偏高，蒸腾作用显著，需水量较大，此时缺水易引起根系早衰、抑制植株生长的现象，亦可导致菜用黄麻嫩茎叶过早纤维化而失去商品价值。因此，要注意保持土壤湿润，以土壤持水量 80％为宜。生长后期对水分需求降低，以土壤持水量 60％为宜。

三、光照

菜用黄麻为短日照蔬菜，光照强弱和时间长短对生长发育有重要影响，缩短日照时数，会提早现蕾开花，若进行光周期诱导，可促其提前进入生殖生长阶段。一般每天 10h 短光照处理，20～25d 即可现蕾。"南种北植"能延长生长期，有利于提高产量；"北种南植"则会提早开花，明显影响产量。因此，对菜用黄麻引种要注意品种的生育期和品种对光照的敏感性鉴定实验。

四、土壤和营养

菜用黄麻对土壤的适应性广，但以疏松、肥沃、排灌良好的壤土最适宜生长；适宜中性偏酸的土壤，pH 以 6～7 为宜。

菜用黄麻是速生高产作物，对水肥需求量大，对氮、钾肥反应敏感，对磷肥反应次之。在大田生产上，缺氮则生长不良，植株矮小，也会影响产量和品质；缺磷则根系早衰，叶片小；缺钾则植株矮小，叶片出现坏死斑点或金边叶病。因此，施肥时要重视氮、磷、钾和微量元素的配合施用。每次采收嫩茎叶后，追施复合肥，提高土地肥力，以保证菜用黄麻稳产和品质。

第三章 菜用黄麻育苗技术

第一节 选用优良品种

菜用黄麻品种资源较为丰富，可根据茎叶柄颜色、大小及分枝等情况，适当选用之。从茎叶柄颜色看，分绿色和红色。目前市场上青绿色嫩茎叶的菜用黄麻口感较好，颇受消费者青睐。

1. 闽麻菜 1 号

闽麻菜 1 号是由福建省农业科学院亚热带农业研究所选育的菜用黄麻新品种。该品种茎绿色，深绿色宽叶，长果形。适宜播种期 5 月上旬；出苗期 5～6d，定苗后 3～4 周可以第一次采叶，以后每 10d 左右采摘一次鲜叶；现蕾期 8 月下旬；开花期 9 月上旬，花色黄色；结果期 9 月中旬，种子颜色墨绿色。达到开花期停止采摘，采摘期 50～60d。

2. 福农 1 号

福农 1 号是由福建农林大学选育的菜用黄麻新品种。该品种采用长果种黄麻泰字 4 号通过^{60}Coγ 射线 219Gy 剂量辐射诱变，经多代系谱选择育成。叶柄、托叶、花萼、蒴果绿色，腋芽发达，群体整齐。单叶互生，叶片长卵圆形，平均长为 16.5cm，宽为 7.8cm；叶缘锯齿，叶基一对锯齿尖延长成须状；叶柄绿色；托叶小、绿色。采摘嫩茎叶后，株高可控制在 130～160cm，分枝数 15 个左右，茎粗 1.60cm。苗期生长缓慢，中后期生长迅速。全生育期（从播种至种子成熟）170～184d。经田间种植调查，对黄麻黑点炭疽病、立枯病和茎斑病的抗性优于对照翠绿、泰字4号和宽叶长果。

3. 福农2号

福农2号是由福建农林大学选育的菜用黄麻新品种。该品种由宽叶长果×巴麻721杂交而成。茎、叶柄、托叶、花萼、蒴果呈绿色，有腋芽，叶片厚长，单叶互生，长卵圆形，叶面积18.6cm×7.0cm；叶缘锯齿，叶基一对锯齿尖延长成须状。该品种生长势好，群体整齐。采摘嫩茎叶后，株高约160cm，分枝数15～20个，基部茎粗1.30cm。全生长期达172d，平均可采摘天数97.3d，采摘期比宽叶长果长25d，经济性状好；每100g鲜茎叶含总膳食纤维7.7g、钙814mg、钾1 500mg、硒0.1μg、胡萝卜素8.9μg、总氨基酸55.4mg，营养价值高；最适栽培模式为密度6 000株/亩，每亩施氮量12.4kg，此时，可食嫩茎叶的产量最高。

4. 福农3号

福农3号是由福建农林大学选育的菜用黄麻新品种。该品种由翠绿×巴麻721杂交而成。群体整齐，生长期127.3d，平均可采摘天数68.3d，采摘期比宽叶长果长15d，较抗茎斑病、立枯病和黑点炭疽病。

5. 福农4号

福农4号是由福建农林大学选育的菜用黄麻新品种。该品种由翠绿×巴麻723杂交而成。群体整齐，苗期生长缓慢，旺长期生长迅速，生长期144d，平均可采摘天数86d，采摘期比宽叶长果长25d，抗茎斑病、立枯病和黑点炭疽病。

6. 福农5号

福农5号是由福建农林大学选育的菜用黄麻新品种。该品种由莆田青皮×巴麻731杂交而成。10月中上旬开花，采收期117～125d，苗期生长缓慢，中后期生长迅速，抗病性强。该品种矿物质元素、维生素和氨基酸含量丰富，膳食纤维（7.81mg/100g）和蛋白质（6.87mg/100g）含量高，含糖量（0.24mg/100g）则比低热量蔬菜甘薯茎尖的含糖量（1.05mg/100g）还低；其必需氨基酸结构合理，含有全部 5 种鲜味氨基酸和至少 7 种药效氨基酸；与茼蒿、西兰花和秋葵 3 种常见保健蔬菜相比，该品种钙（3 310mg/kg）、钾（6 060mg/kg）、锌（7.18mg/kg）、锶（10.4mg/kg）含量高，钠含量（25.3mg/kg）低，钾/钠值（239.5）高、钙/镁值（2.7）相当，锌/铜值（1.9）低。

7. 福农 7 号

福农 7 号是由福建农林大学选育的菜用黄麻新品种。该品种茎绿色，深绿色宽叶，长果形。适宜播种期 5 月上旬；出苗期 5～6d，定苗后 3～4 周可以第一次采叶，采叶时嫩茎不超过 15cm，以后每 10d 左右采摘一次鲜叶；现蕾期 9 月中旬；开花期 9 月下旬，花色黄色；结果期 10 月初，种子颜色墨绿色。达到开花期停止采摘，采摘期 60～70d。

8. 福农 8 号

福农 8 号是由福建农林大学选育的菜用黄麻新品种。该品种茎绿色，深绿色宽叶，长果形。适宜播种期 5 月上旬；出苗期 6～7d，定苗后 3～4 周可以第一次采叶，采叶时嫩茎叶不超过 15cm，以后每 10d 左右采摘一次鲜叶；现蕾期 9 月中旬；开花期 9 月下旬，花色黄色；结果期 10 月初，种子颜色墨绿色。达到开花期停止采摘，采摘期 60～70d。

9. 福农 9 号

福农 9 号是由福建农林大学选育的菜用黄麻新品种。该品种茎绿色，深绿色宽叶，长果形。适宜播种期 5 月上旬；出苗期 5～6d，定苗后 3～4 周可以第一次采叶，采叶时嫩茎不超过 15cm，以后每 10d 左右采摘一次鲜叶；现蕾期 9 月中旬；开花期 9 月下旬，花色黄色；结果期 10 月初，种子颜色墨绿色。达到开花期停止采摘，采摘期 60～70d。

10. 福农 10 号

福农 10 号是由福建农林大学选育的菜用黄麻新品种。该品种茎绿色，深绿色宽叶，长果形。适宜播种期 5 月上旬；出苗期 5～6d，定苗后 3～4 周可以第一次采叶，采叶时嫩茎不超过 15cm，以后每 10d 左右采摘一次鲜叶；现蕾期 9 月中旬；开花期 9 月下旬，花色黄色；结果期 10 月初，种子颜色墨绿色。达到开花期停止采摘，采摘期 60～70d。

11. 中黄麻 3 号

中黄麻 3 号是中国农业科学院麻类研究所选育的菜用黄麻新品种。该品种茎红色，浅绿色窄叶，圆果形。适宜播种期 5 月上旬；出苗期 6～7d，定苗后 3～4 周可以第一次采叶，采叶时嫩茎不超过 15cm，以后每 10d 左右采摘一次鲜叶；现蕾期 8 月中旬；开花期 8 月下旬，花色黄色；结果期 9 月上旬，种子颜色褐色。达到开花期停止采摘，采摘期 40～50d。

12. 中黄麻 5 号

中黄麻 5 号是中国农业科学院麻类研究所选育的菜用黄麻新品种。该品种茎绿色，深绿色宽叶，长果形。适宜播种期 5 月上旬；出苗期 5～6d，定苗后 3～4 周可以第一次采叶，采叶时嫩茎不超过 15cm，以后每 10d 左右采摘一次鲜叶；现蕾期 9 月上旬；开花期 9 月中旬，花色黄色；结果期 9 月下旬，种子颜色墨绿色。达到开花期停止采摘，采摘期 50～60d。

13. 中黄麻 6 号

中黄麻 6 号是中国农业科学院麻类研究所选育的菜用黄麻新品种。该品种茎绿色，深绿色宽叶，长果形。适宜播种期 5 月上旬；出苗期 5～6d，定苗后 3～4 周可以第一次采叶，采叶时嫩茎不超过 15cm，以后每 10d 左右采摘一次鲜叶；现蕾期 9 月上旬；开花期 9 月中旬，花色黄色；结果期 9 月下旬，种子颜色墨绿色。达到开花期停止采摘,采摘期 50～60d。

14. 帝王菜 3 号

帝王菜 3 号是中国农业科学院麻类研究所选育的菜用黄麻新品种。该品种茎绿色,深绿色宽叶,长果形。适宜播种期 5 月上旬;出苗期 5～6d,定苗后 3～4 周可以第一次采叶,采叶时嫩茎不超过 15cm,以后每 10d 左右采摘一次鲜叶;现蕾期 8 月下旬;开花期 9 月上旬,花色黄色;结果期 9 月中旬,种子颜色墨绿色。达到开花期停止采摘,采摘期 50～60d。

15. 桂麻菜 1 号

桂麻菜 1 号是广西农业科学院选育的菜用黄麻新品种。该品种风味独特,口感极佳,达到了富硒、高钙标准,是一种保健功能性蔬菜。近几年广西平均每年种植面积达 6 000 亩左右。该品种株型直立,生长势强,从基部到茎秆、叶梗、叶柄均为紫红色,叶片绿色。采摘嫩茎叶后株高 140cm,叶片长鹅卵形兼披针形、平展,叶端渐尖。上部叶片叶长 10.1cm 左右,叶宽 3.5cm左右;中部叶片叶长 13.7cm 左右,叶宽 5.1cm 左右;下部叶片叶长 16.0cm 左右,叶宽 6.1cm 左右。叶柄长 1～2cm,柄粗 0.1～0.2cm。4—5 月播种,7—8 月开花结实,花两性,自花授粉作物,具腋生,花色黄色,花蕾及花朵均较小,果实为球形蒴果,成熟蒴果为枯褐色,略带花瓣状,单株果数 180 个左右,单果种子 40 粒左右,成熟种子棕褐色有光泽。咀嚼叶片及嫩芽时略带韧劲,口感较佳。

16. 桂麻菜 2 号

桂麻菜 2 号是广西农业科学院选育的菜用黄麻新品种。该品种茎绿色,浅绿色窄叶,圆果形。适宜播种期 5 月上旬;出苗期 6～7d,定苗后 3～4 周可以第一次采叶,以后每 10d 左右采摘一次鲜叶;现蕾期 8 月下旬;开花期 9 月上旬,花色黄色;结果期 9 月中旬,种子颜色褐色。达到开花期停止采摘,采摘期

$40\sim50d$。

17. 桂麻菜 3 号

桂麻菜 3 号是广西农业科学院选育的菜用黄麻新品种。该品种茎绿色，浅绿色窄叶，圆果形。适宜播种期 5 月上旬；出苗期 $7\sim8d$，定苗后 $3\sim4$ 周可以第一次采叶，采叶时嫩茎不超过 15cm，以后每 10d 左右采摘一次鲜叶；现蕾期 8 月下旬；开花期 9 月上旬，花色黄色；结果期 9 月中旬，种子颜色褐色。达到开花期停止采摘，采摘期 $40\sim50d$。

18. 桂麻菜 4 号

桂麻菜 4 号是广西农业科学院选育的菜用黄麻新品种。该品种茎绿色，浅绿色窄叶，圆果形。适宜播种期 5 月上旬；出苗期 $6\sim7d$，定苗后 $3\sim4$ 周可以第一次采叶，采叶时嫩茎不超过 15cm，以后每 10d 左右采摘一次鲜叶；现蕾期 8 月下旬；开花期 9 月上旬，花色黄色；结果期 9 月中旬，种子颜色褐色。达到开花期停止采摘，采摘期 $40\sim50d$。

19. 桂麻菜 5 号

桂麻菜 5 号是广西农业科学院选育的菜用黄麻新品种。该品种为圆果种，生育期 185d，茎粗 12.11mm，茎白色，叶绿色，卵圆形，花黄色，蒴果褐色。平均第一分枝高 159.4cm，打顶后株高 87.3cm，平均亩产种子 50kg。食用菜叶翠绿，口感脆爽。该品种高产、高钙、抗病虫，适宜在黄淮海平原区、长江中下游地区及华南地区推广种植。

20. 宽叶长果

宽叶长果是中国麻类研究所用广丰长果与巴长 4 号杂交后代选育的长果种菜用黄麻新品种。茎绿色，深绿色宽叶，叶卵圆形。适宜播种期 5 月上旬；出苗期 $5\sim6d$，定苗后 $3\sim4$ 周可以第一次采叶，采叶时嫩茎不超过 15cm，以后每 10d 左右采摘一次鲜叶；现蕾期 8 月下旬；开花期 9 月上旬，花色黄色；结果期

9 月中旬，种子颜色墨绿色。可作为育种亲本直接利用。

21. 大化黄麻

大化黄麻属圆果种黄麻，为菜用黄麻类型。在广西大化瑶族自治县各乡镇零星种植，主要由农民自行留种、自产自销，作为蔬菜进行食用。大化黄麻在南宁种植时全生育期 170d，为中熟品种。出苗日数 5d，现蕾日数 48d，开花日数 65d。植株直立，分枝性强，有腋芽，叶披针、绿色、锯齿状，茎绿色，叶柄绿色，萼片绿色，花黄色。球形中蒴果，蒴果表面粗糙，种子褐色。株高 129.93cm，分枝数 14.60 个，分枝高 31.07cm，茎粗 8.79mm，千粒重 2.38g。嫩茎叶绿色，口感爽滑。目前生产上直接种植利用，中等抗病，可作为育种亲本直接利用。

22. 宁明那禄黄麻

宁明那禄黄麻属圆果种黄麻，为菜用黄麻类型。在广西宁明县各乡镇零星种植，主要由农民自行留种、自产自销，作为蔬菜进行食用。宁明那禄黄麻在南宁种植时全生育期 178d，为中熟品种。出苗日数 5d，现蕾日数 60d，开花日数 79d。植株直立，分支性强，有腋芽，叶披针、绿色、锯齿状，茎红色，叶柄红色，萼片红色，托叶红色，花黄色。球形中蒴果，蒴果表面粗糙，种子褐色。株高 131.80cm，分枝数 14.60 个，分枝高 36.60cm，茎粗 7.56mm，千粒重 2.81g。嫩茎叶红色，色泽鲜艳，口感爽滑脆嫩，味清香。目前生产上直接种植利用，中等抗病，可作为育种亲本直接利用。

23. 宁明蔗园黄麻

宁明蔗园黄麻属圆果种黄麻，为菜用黄麻类型。在广西宁明县各乡镇零星种植，主要由农民自行留种、自产自销，作为蔬菜进行食用。宁明蔗园黄麻在南宁种植时全生育期 173d 左右，为中熟品种。出苗日数 5d，现蕾日数 48d，开花日数 70d。植株直立，分枝性强，有腋芽，叶披针、绿色、锯齿状，茎鲜红色，叶柄红色，萼片红色，花黄色。球形中蒴果，蒴果表面粗糙，种子褐色。株高181.00cm，分枝数15.00个，分枝高38.00cm，茎粗10.96mm，千粒重2.28g。嫩茎叶红色，色泽鲜艳，口感爽滑脆嫩，味清香。目前生产上直接种植利用，中等抗病。可作为育种亲本直接利用。

24. 府城麻菜

府城麻菜属圆果种黄麻，为菜用黄麻类型。在广西南宁武鸣区府城镇、仙湖镇零星种植，主要由农民自行留种、自产自销，作为蔬菜进行食用。府城麻菜在南宁种植时全生育期150d左右，为早熟品种。出苗日数5d，现蕾日数40d，开花日数55d。植株直立，分枝性强，有腋芽，叶披针、绿色、锯齿状，茎红色，叶柄浅红色，萼片红色，花黄色。球形中蒴果，蒴果表面粗糙，种子褐色。株高152.60cm，分枝数9.57个，分枝高41.44cm，茎粗9.57mm，千粒重2.90g。嫩茎叶红色，色泽鲜艳，口感爽滑脆嫩，味清香。目前生产上直接种植利用，中等抗病、中度耐盐，可作为育种亲本直接利用。

第二节 育苗基本常识

一、壮苗的概念

对于生产者来说，首先应能从外表特征上区别出壮苗、徒长苗和老化苗。一般地说，壮苗的共同特征是：生长健壮，高度适中；叶片较大，生长舒展，叶色正常或稍深有光泽；子叶大而肥厚，子叶和真叶都不过早脱落或变黄；根系发达，尤其是侧根多，定植时短白根密布育苗基质块的周围；幼苗生长整齐，既不徒长，也不老化；无病虫害。菜用黄麻壮苗形态特征：在南方，苗龄在15～25d达到3叶1心或4叶1心；在北方，苗龄在20～30d达到4叶1心或5叶1心；同时子叶小而厚，叶色绿，子叶完好；整株生长健壮，茎粗，根系多而密。壮苗一般抗逆性强，定植后发根快，缓苗快，生长旺盛，开花结果早，产量高，是理想的幼苗。

徒长苗的形态特征：茎蔓细长，叶薄色淡，叶柄较长，真叶多在 5 片以上进入抽蔓期，往往是由于天气原因，苗床水分较足，无法及时定植造成的。徒长苗抗逆和抗病性相对较差，定植后缓苗慢，生长慢。

老化苗的形态特征：茎细弱发硬，叶小发黄，根少色暗。老化苗定植后返苗慢，尤其是大株老化苗，定植后返苗非常慢，嫩茎叶产量低。生产上最好不使用菜用黄麻老化苗。

通常壮苗的植株呈长方形，叶面积大，叶缘缺刻少而浅。而徒长苗的植株呈倒三角形。老化苗的植株为正方形，叶面积小。

二、育苗关键技术

1. 适宜苗龄

菜用黄麻定植的适宜生理叶龄在低温季为 4 叶 1 心，高温季为 2～3 叶 1 心。其苗龄会因育苗期的温度条件而异：夏茬一般是 15～25d，秋茬多为 40～50d。

2. 适宜播期

菜用黄麻的适宜定植期要根据上市期、上茬作物腾茬时间和所创造温度条件允许的定植期等确定。有了适宜定植期，就可以根据需要的具体苗龄来确定育苗的适宜播期。露地夏秋茬主要解决少叶菜类蔬菜的市场供应，时间主要是 5—10 月。

3. 幼苗形态和生育诊断

发芽期外界条件适宜，生长发育好，幼苗下胚轴距地 3～4cm，播后 4d 两片子叶呈 75°张开，经 5～6d 展为水平状。两子叶肥大，色浓绿，叶缘稍上卷，呈匙形。此期可能出现的生育异常情况有如下 9 种：

（1）长相异常。播后胚根不下扎且变粗；或苗子叶小而扭曲，子叶下垂，根发锈色，叶缘呈黄色暗线；或从子叶开始，叶片由下而上逐渐干枯脱落，直至只剩下顶部少数新生小叶（生理性枯干）。上述症状多由地温低引起。

（2）植株生长缓慢，子叶小，叶缘下卷，呈反转匙形。这往往是由于气温低引起的。迅速降温造成冻害时，可能出现子叶叶缘上卷、变白枯干的现象。

（3）苗子叶上午打蔫，叶片呈焦枯状。这可能是阳光过强引起的灼烧，或地温低且土壤湿度大引起的沤根所致。

（4）苗茎长而细弱，叶片薄而色淡，手握有柔软感。多是夜温高引起的。

（5）幼苗萎缩不长，叶片老化僵硬，叶色墨绿。可能是土壤水分不足造成的。

（6）叶片与叶脉夹角小，叶脉间叶肉隆起，叶片发皱，叶色墨绿，叶面积小。多为夜温过低所致。

（7）茎与叶柄夹角小，叶柄呈直立状，而叶片与叶柄夹角大，叶柄长，叶片大而薄，叶缘缺刻小，几乎呈圆形叶。此为夜温高造成的。

（8）叶柄与茎夹角大，茎和叶片生长均受到一定抑制，从而使叶面积变小。肥料过多或连阴天光照不足都可能出现上述症状。

（9）主茎笔直伸长，茎和叶柄夹角小，叶柄稍直立，但叶柄并不长，叶色发淡。这是由于水分多而肥料不足，植株单靠水分维持生长。其叶柄短是与夜温过高引起相类似症状的最主要区别点。

第三节　常规育苗

一、育苗场地选择

进行常规育苗时，选择育苗场所应满足下列要求：

春季育苗应选择背风、向阳、平坦的地块，最好是北侧有建筑物、树林等自然屏障，南侧地势开阔，以避免早晚冷风侵袭，并能充分利用太阳光，提高地温和气温。

选择地下水位低、排水良好、3年内未种过瓜果类作物的地块，以避免由于土壤水分过多造成地温低而致幼苗烂根以及苗期土传病害的发生。

育苗场所附近应有水源和电源，以便于苗期浇水。育苗场所应距栽培田较近，并且交通方便，以便于苗期管理和运苗。

土壤应疏松、肥沃、透气性良好，保水保肥能力强，增温快，土壤酸碱度以 pH6～7 为宜。

二、播种前的种子处理

菜用黄麻的种子小，种皮薄，可直接进行播种，无须浸种催芽，但需要对种子进行消毒。菜用黄麻种子表皮上常附有多种病原菌，带菌的种子播种后，会导致幼苗或成株发生病害，出现缺苗现象。因此，播种前必须进行种子消毒。常用的方法有以下几种：

1. 干热消毒

该方法具有良好的消毒作用，尤其对侵入种子内部的病菌和病毒有独特的消毒效果，多在大型种子公司进行。其具体方法是：将干燥的种子放入精度很高的种子风干柜里，经多级升温干燥，使种子含水量一般不高于5%，之后，将温度调至70℃的干热条件下处理72h。该方法对带病毒等的种子处理效果非常好，但会明显降低许多蔬菜种子的发芽率。目前主要在甜瓜、西瓜、南瓜类种子上应用较多，在菜用黄麻上还未见有实用性报道，若要使用，一定要事先做好试验，否则会影响种子的生活力。

2. 种子粉衣处理

使用此方法进行种子消毒，注意要严格掌握用药量，药粉用量过多会影响种子发芽，过少则效果差，一般用药量为干种子重量的 $0.1\%\sim0.4\%$，多数为 0.3%，并使药粉充分附着在种子上。常用的药剂有 70% 敌克松粉剂、50% 福美双、多菌灵等。拌过药粉的种子一般是直接播种，不宜放置过久。

3. 药液浸种

将种子放入配制好的药液中，以达到杀菌消毒的目的。其方法很多，常用的有 50% 多菌灵可湿性粉剂 500 倍液浸种 1h，如预防炭疽病、疫病、枯萎病，用 40% 甲醛 100 倍液浸种 30min。药液浸种要求严格掌握药液浓度和浸种时间，药液浸种后，立即用清水冲洗去除种子上的药液，催芽播种或晾干备用。

三、播种

播种的技术环节包括做床、浇底水、播种、覆土和盖膜等。

1. 做床

在温室里做畦，畦宽 $1.0\sim1.5m$，床土应充分暴晒，以提高土温，防止苗期病害。播种前耙平，将大土块敲碎，稍加镇压，再用刮板刮平。

2. 浇底水

床面整平后浇底水，一定要浇透。浇足底水的目的是保证出苗前不缺水、不浇水，否则会影响正常出苗。底水过少易"吊干芽子"。在浇水过程中如果发现床面有不平处，应当用预备床土填平。

3. 播种

菜用黄麻采用撒播，可掺着沙子把种子均匀撒播到床土上。

4. 覆土

播种后多用床土覆盖种子，盖土厚度一般为 $1\sim2cm$。如果盖土过薄，则床土易干；如果盖土过厚，则出苗延迟甚至造成种子窒息死亡。

5. 盖膜

盖土后应当立即用地膜覆盖床面，保温保湿，拱土时及时撤掉薄膜，防止苗徒长和阳光灼苗。

四、苗期管理

育苗期管理得好坏，直接影响到幼苗的质量，也会影响到以后的营养生长和产量，应采取相应的管理措施才能收到良好的育苗效果。

从菜用黄麻种子萌动到第一对真叶展开为发芽期。育苗期管理主要是保证幼苗出土所需的较高的温、湿度。白天温度为 25～30℃，夜间为 20～22℃，待 3～4d 幼苗出土时，及时去除覆盖的薄膜。齐苗后，常见问题及应对措施如下。

1. 出苗慢而不整齐

其原因有如下情况：种子陈旧或受冻；种子吸水不足或过量；床土过干或过湿；覆土过深或过浅；床温过低等。所以在菜用黄麻种子发芽过程中应创造适宜种子发芽的土壤水分、温度和氧气。春季育苗时最大限度地提高床温，而夏季播种时需要浇大水和遮光降温，这是实现一次播种保全苗的关键技术环节。

2. 苗子病弱

多是床温低、苗子出土时间过长、消耗养分多、被病菌侵染等原因造成。苗床消毒可能减少被感染的机会，但却解决不了苗子出土时间长造成的苗子瘦弱的问题。

3. 烂种或沤根

种子活力低下，苗床里施入了未经腐熟的粪肥、饼肥或过量的化肥，化肥与土混合不均匀或种子沾上了饼肥；病菌侵入；床土过湿且温度低，种子较长时间处于无氧或少氧条件等，均可能造成烂种。

沤根是一种生理病害。床温低、湿度大、床土中掺有未经腐熟的粪肥等，均可能导致沤根。发生沤根的植株一般表现为根少、锈色，难见发生新根；茎叶无病症，但幼苗却萎蔫，很容易拔起；根的外皮黄褐色、腐烂，叶片发生焦边、干枯或脱落，直至植株死亡。首先，要针对发生原因采取相应措施加以避免；其次，要早发现，通过灌施萘乙酸促发新根。

第四节　穴盘育苗

一、优点

1. 节省能源与资源

穴盘育苗与传统的营养钵育苗相比较，可使菜用黄麻育苗效率由 100 株/m² 提高到 300 株/m²，春季利用塑料大棚育苗，有效利用育苗车间的空间，有效提高育苗设施的利用率，进行连续的高密度育苗，能大幅度提高单位面积的种苗产量，节省电能 2/3 以上，可显著降低育苗成本。

2. 提高幼苗质量

穴盘育苗能实现种苗的标准化生产，实现肥水管理和环境控制的机械化和自动化，能严格保证种苗质量和供苗时间。

3. 提高种苗生产效率

穴盘育苗采用精量播种技术，每穴 1 粒种子，大大提高了播种效率，节省种子用量，提高成苗率；与营养钵育苗相比较，基质种苗的单株苗重由营养土种苗的 500～700g 降低为 50g 左右。

4. 商品种苗适于长距离运输

种子播种在上大下小的穴盘的孔穴中一次成苗，幼苗根系发达并与基质紧密缠绕，不易散落、不伤根系，容易成活，缓苗快，有利于长途运输、成批出售，对发展集约化生产、规模化经营十分有利。

二、设施设备

1. 播种车间

占地面积视育苗数量和播种机的体积而定，一般面积为100m²，主要放置精量播种流水线和一部分的基质、育苗车、育苗盘等。播种车间要求有足够的空间，便于播种操作，使操作人员和育苗车的出入快速顺畅，不发生拥堵；同时要求车间内的水、电、暖设备完备，不出故障。

2. 育苗室

大规模的穴盘育苗企业要求建设现代化的连栋温室作为育苗室。温室要求南北走向，透明屋面东西朝向，保证光照均匀。

3. 保温系统

温室内设置遮阳保温帘，四周有侧卷帘，四周加装薄膜保温。

4. 微灌系统

苗床上部设置灌溉与施肥兼用的自走式微灌设备，保证苗盘内每个育苗孔中的幼苗所接受的肥水量相对均匀。

5. 降温排湿系统

育苗温室上部可设置外遮阳网，在夏季有效地阻挡部分直射光的照射，在基本满足幼苗光合作用的前提下，通过遮光降低温室内的温度。温室一侧配置大功率排风扇，夏季高温季节育苗时可显著降低温室内的温度和湿度。通过温室的天窗和侧墙的开启或关闭，也能实现对温度、湿度的有效调节。

6. 控制系统

穴盘育苗的控制系统对环境的温度、光照、空气相对湿度和水分、营养液灌溉实行有效的监控和调节。由传感器、计算机、电源、监视和控制软件等组成，对加温、保湿、降温排湿和微灌系统实施准确而有效的控制。

三、操作规程

1. 播种

播种前对使用的器具进行消毒。常用工具的消毒方法为：用多菌灵 400 倍液，或甲醛 100 倍液，或漂白粉 10 倍液浸泡育苗工具。育苗室内可以用消毒液喷雾消毒。

使用专用基质材料，不必进行消毒；但使用合成基质时，对泥炭、珍珠岩、蛭石等均应严格消毒，可采用蒸汽热力灭菌方法进行消毒。菜用黄麻的穴盘育苗常采用 72 孔或 128 孔穴盘，使用菜用黄麻育苗专用基质，播种后盘重 1.2～1.3kg，浇水后盘重 1.4～1.5kg。催芽室温度 25～30℃，3～4d 后开始出苗，在幼苗顶土时离开催芽室进入育苗室。育苗室温度保持在 22～26℃，齐苗后晴天时白天温度可以设置为 22～28℃，夜间为 15℃。

2. 种苗培育

（1）温度控制

菜用黄麻幼苗生长期间的温度应控制在白天 22～28℃、夜间 15℃。如果天气连续阴雨，夜间温度应适当降低 2℃。

（2）穴盘位置调整

在育苗管理操作过程中，由于灌溉微喷系统各个喷头之间出水量的微小差异，育苗时间较长的幼苗易产生带状生长不均衡，发现后应及时调整穴盘位置，促使幼苗生长均匀。

（3）边际补充

灌溉各苗床的四周边际与中间相比，水分蒸发速度比较快，尤其在晴天、高温情况下蒸发量要大一倍左右。因此，在每次灌溉完毕后，均应对苗床四周 10～15cm 处的幼苗进行补充灌溉。

（4）苗期病害防治

菜用黄麻幼苗因子叶内的贮存营养大部分消耗，而新根尚未发育完全、吸收能力很弱，故自养能力较弱、抵抗力低，易感染猝倒病、立枯病、菌核病、疫病等各种病害。对此，可在齐苗后5～7d 用霜霉威和甲基硫菌灵各 800 倍液防治猝倒病等真菌性病害。宜控制育苗温室环境，及时调整并杜绝各种传染途径，做好穴盘、器具、基质、种子以及进出人员和温室环境的消毒工作，并辅以经常检查，尽早发现病害症状，及时进行对症药剂防治。在化学防治过程中，注意幼苗的大小和天气的变化，小苗用较低的浓度，大苗用较高的浓度。一次用药后如连续晴天，则可以间隔 10d 左右再用一次，如连续阴雨天则间隔 5～7d 再用一次；用药时必须将药液直接喷洒到发病部位；为降低育苗温室空间及基质湿度，以上午用药为宜。对于环境因素引起的病害，关键是去除致病因子。病害防治的关键是加强温、湿、光、水、肥的管理，严格检查，以防为主，保证各项管理措施到位。

（5）定植前期炼苗

幼苗在移入大田之前必须炼苗，以适应定植地点的环境。如果幼苗定植于有加热设施的温室，需保持运输过程中的环境温度。对于大多数幼苗而言，定植于没有加热设施的塑料大棚内，应提前 3～5d 降温、通风和炼苗；定植于露地无保护设施的幼苗，更要严格地做好炼苗工作，定植前 5～7d 逐渐降温，使温室内的温度逐渐与露地相近，防止幼苗定植时遭遇冷害。另外，幼苗移出育苗温室前 2～3d 应施一次肥水，并喷洒杀菌剂、杀虫剂，做到带肥、带药出室。

3. 包装运输

种苗的包装技术包括包装材料、包装设计、包装装潢、包装技术说明等。菜用黄麻种苗的包装材料可选择硬质塑料；包装设计应根据穴盘的大小、运输距离的长短、运输条件等，来确定包装规格尺寸、包装装潢、包装技术说明等。

种苗的运输技术包括配置种苗专用运输设备，如封闭式运输车辆、种苗搬运车辆、运输防护架等；根据运输距离的长短、运输条件确定运输方式，核算运输成本，建立运输标准。

4. 种苗定植

穴盘培育的菜用黄麻种苗以 4 叶 1 心为最佳定植时间，苗龄为 28～35d。在夏季高温季节，应尽量采用小苗定植，选择 72 孔的穴盘，3 叶 1 心定植，苗龄为 15～20d。春季定植之前要求种植菜用黄麻的塑料大棚做好施肥、整地、覆地膜等工作，封棚 3d，宜在膜下 15cm 处地温 15℃以上时定植，准备好盖苗的细土，定植后的定根水温度保持 15℃以上。定植后 3d 以保温为主，大棚和小拱棚不通风，3d 以后根据天气和温度逐渐揭开小拱棚通风。

第四章 菜用黄麻栽培技术

第一节 栽培模式

一、露地栽培

菜用黄麻喜温暖，怕霜冻，主要生育期安排在无霜期内，露地栽培是当前我国菜用黄麻主要的栽培模式。在长江流域和华南地区，菜用黄麻春、夏、秋均可栽培，但以春播为主；3—4月播种，5—9月收获；5—6月播种，7—10月收获；7月播种，9—10月收获。华北地区一般于4月中下旬至5月初播种，7—9月收获。北方寒冷地区常用日光温室、塑料大棚集中育苗，待早春晚霜过后，再定植于大田。一般在无霜期6月初直播或者无霜期前15d大小棚育苗移栽，8—9月收获。

二、设施栽培

因各地温度、光照、暴雨等气候条件的制约及周年市场需求，我国各地积极探讨菜用黄麻的设施栽培技术，利用塑料大棚、日光温室和小拱棚等对菜用黄麻进行春提早或秋延后栽培。其技术要点是对棚室内温、湿、气、光等条件的有效调控，同时，有别于传统土壤栽培形式，利用营养液为其提供水分、养分、氧气的水培技术也应用到菜用黄麻设施栽培中。

三、有机栽培

选用无污染地块，施用生物有机肥，禁止施用化学合成肥料、农药，采用防虫网、频振式杀虫灯、棚内悬挂粘虫板、喷施生物农药等农业、物理、生物措施防治病虫害，进行有机栽培，提高产品质量，适应产品出口和国内高端市场需求，增加产品价值。

第二节　栽培管理

一、栽培前准备

1. 备肥

根据土壤肥力测定及目标产量备肥，实行配方施肥。

2. 备膜

选用 1m×0.008mm 的地膜，一般备地膜 40.5~45.0kg/hm²。

3. 地块选择

生产基地的选择具体参照 NY/T 391—2000 的有关规定。产地要远离主要交通线及城市居民聚集区和可能造成有害气体排放的化工厂，生产区与主要交通线之间不少于 100m 间距，与工矿企业之间不少于 2 000m 间距。土壤是作物生长发育的场所，产地的土壤要有良好化学和物理性状，即重金属、氯化物、氰化物等有害有毒物质残留量在规定指标以下、中性反应、土层深厚、有机质和养分含量高、结构良好等。灌溉水质量，避免使用未经无害化处理的城镇生活污水和工业废水，农田灌溉水中的重金属、氯化物、氰化物、氟化物和石油类等有害、有毒物质含量必须符合关于浇灌水指标的规定。

菜用黄麻为短日照植物，耐热力强，喜强光，故需选择通风向阳、光照充足的地段；直根入土深，侧根发达，吸收肥水能力强，需选择土层深厚、土壤疏松肥沃、富含有机质的壤土或沙壤土；因其耐旱不耐湿，不耐涝渍，稍有积水，即叶黄根烂，故种植地需地下水位低，排水良好；因不宜重茬，土壤 pH 以 6～7 为好，不宜选择前茬为果菜类的地块。

4. 整地

冬前未耕翻的田块，解冻后要及时深耕耙耱；冬前已深耕的田块，解冻后及早顶凌耙耱，做到地平土碎，上虚下实，清除杂草。对地下害虫达到防治指标的田块，播前要结合整地进行土壤处理。用 5% 好年冬或 3% 地虫清颗粒剂每亩 3～4kg 均匀撒施，也可沟施，与肥料混施后，翻犁。菜用黄麻栽培要求深耕浅种，整地标准要达到"深、细、平、伏"。"细、伏"是指土粒细碎均匀、疏松而伏实，以利于种子吸湿发芽和出苗后幼根吸水吸肥。"平"是指土面平整，避免渍水。"深"是指耕层深厚，利于主根深扎和侧根扩展，提高抗倒能力。在黏重土质地区，要强调多犁耙，以求"深、细"。

5. 施肥

覆膜种植的菜用黄麻，要求在整地、起垄时一次性施足优质的有机肥和足够的复合肥。复合肥的 2/3 作为底肥结合播前起垄一次性施入垄底，剩余的复合肥作为追肥分两次施入。施入的有机肥应充分腐熟，作为底肥的化肥应与有机肥充分混合。菜用黄麻喜磷、喜钾，因此复合肥应选用含磷、含钾量高的。每亩施入腐熟人畜粪 3 000kg、复合肥 30～40kg 作底肥，深耕 20～30cm，确保肥料与土壤充分混合。

6. 起垄覆膜

采用 110cm 的带型，垄宽 1m，垄高 15cm，在垄上覆膜并在两边播种或移栽苗；每隔 5m 压一条土带，防止大风揭膜。提倡趁墒起垄覆膜。夏季高温多雨，杂草长得快，覆盖地膜可以抑制杂草的生长，减少除草剂的使用及人工除草的人力投入；可提高地温，特别能提高 4 月、5 月、10 月、11 月的地温，促进菜用黄麻的生长；可以有效保持土壤水分，加速有机肥料分解，减少病害，提高产量。此外，采用地膜覆盖，收获期可提前 15d 左右，大大提高菜用黄麻的收益。采用人工打孔播种的田块，当幼苗叶片变绿顶膜时，须破膜放苗。放苗应在无风的晴天 10：00 前或 16：00 后进行，切勿在晴天正午或大风降温时放苗。放苗后随即将膜孔用土封严，以防跑墒降温，滋生杂草。对于条播田块，则无需盖膜，于畦面行距 70cm 开浅沟，遇干旱天气，浅沟浇水后再播种。

7. 条播方式

菜用黄麻种植通常将地整成畦带沟宽 1.1～1.5m，畦高 20～25cm，在畦面开两条深 5cm 左右的播种沟，播种沟要求沟底较为平整，以防雨后因不平整致积水从而影响出苗。播种时要求种子尽量播种均匀，根据已确定的种子量，把黄麻种子与一定量的细沙混合拌匀，均匀撒播。播种后盖土以 1～2cm 为宜，对于较为黏重的土壤可用疏松的脆土杂肥加草木灰盖种。由于菜用黄麻苗期生长较为缓慢，为充分利用土地，也可以采用三行条播或四行条播方式进行播种，即在原双行条播的行间再开 1～2 条小沟进行播种，在定苗前后，中间两行即可拔除食用。

二、定植

1. 带土移栽

定植时要做到带土移栽，植株根系尽量不受损伤。苗床育苗的，起苗时应多带护根土；穴盘育苗的，要保持盘土不散开。

2. 定植标准

苗龄不宜过长，苗株不宜过大，当幼苗具有 2～3 片真叶、高 10～12cm 时定植。

3. 定植密度

每畦种两行，行距 70cm，株距 20～30cm，每亩种植 6 000～8 000 株。定植后浇足定根水，以利成活。

三、田间管理

菜用黄麻出苗后，必须及早进行田间管理，促进早生快发，达到全苗壮苗。

1. 排水防涝

由于春季播种期间多阴雨天气，菜用黄麻出苗前要注意开沟排涝，对于土壤黏重或地下水位高的田块最好四周开设环沟，以利及时排水。

2. 补苗、间苗、定苗

条播或者撒播的菜用黄麻出苗后要及时按照种植密度规格进行补苗、间苗，间苗、定苗的原则是早间早定、分次进行。间苗是为了确保菜用黄麻生长期有良好的通风透光性。通常在生产中要进行两次间苗。最后一次定苗时间应掌握在苗高 20cm 左右，最迟不超过苗高 30cm，以防出现"高脚苗"。

3. 中耕、除草及培土

中耕不但能够起到提高地温、保持良好土壤墒情的作用，还能够促进菜用黄麻根系不断生长。菜用黄麻出苗后到定苗前宜进行 1～2 次中耕除草，疏松土壤以促进植株根系生长，定植后结合清沟进行菜用黄麻的培土，并清除杂草，防止草与苗争肥、争水、争光。追肥、浇水及雨天过后，要及时中耕除草，防止土壤板结。灌溉和雨后根际土壤被冲刷时，应及时培土护根，以免倒伏。封垄后，即可终止中耕、除草、培土等工作。另外，沿海地区在每年 7—9 月都会受台风影响，菜用黄麻本身植株高大、枝叶繁茂，除了加强日常中耕、培土，要在台风过后第一时间将菜用黄麻扶正固定。

4. 施肥管理

基肥可根据土壤肥力情况适量施用，主要是磷、钾肥，最好配施有机肥。在中等肥力的田块，通常每亩施用过磷酸钙 40～50kg、钾肥 10～15kg，结合土壤耕作混合均匀使用。这一阶段可结合浇水施肥 3～4 次，每次用尿素 2～5kg，并加适量钾肥，用量根据苗的大小先少后多，浇完肥水即刻用清水漂洗幼苗叶片，以防肥害。采收后，每隔一定的时间需酌情补肥，促进侧芽萌发生长。

5. 水分管理

菜用黄麻定苗前由于雨水天气较多，应主要做好排水防渍工作，并适当保持土壤干燥、培育壮苗。主茎采摘后侧枝大量生长，菜用黄麻需水量大，要保持土壤相对湿润，以保证产量和品质。

第三节　采　　收

菜用黄麻适时采收是保持菜用黄麻良好品质和产量的关键所在，过早或过晚采收对产量和质量都有很大影响。因此，采收一定要及时、仔细、科学。

一、采收标准

总的要求是：嫩茎叶应以 5 叶 1 心、长度 10cm 左右，茎叶颜色淡绿，尚未变红为佳。

二、采收时间

一般在当天 9：30 之前或 16：30 以后采摘。一般第一次采收后，每间隔 7～10d 采收一次，随温度升高，采收间隔缩短。8 月盛产期，每隔 7d 采收一次。9 月以后，气温下降，每隔 10d 采收一次。

三、采收方法

采收人员可用剪刀从嫩叶茎处剪下，也可用手采摘；能采的嫩茎叶一定要及时采收，如漏采或迟采，不仅叶老、质量差，影响食用和加工，而且影响其他嫩茎叶的生长发育。

四、采收技巧

菜用黄麻的新叶鲜嫩，应该在早上露水未干前采收或傍晚采收，以避免水分过度蒸发，发生萎蔫，采收的菜用黄麻要喷水保湿，采收后的菜用黄麻要用透气周转筐装，并置于阴凉处。当菜用黄麻开花后，因其茎和荚果中含有微毒物质，应立即停止采收。

五、采后保鲜

菜用黄麻嫩茎叶叶薄、嫩，易失水、萎蔫，采摘后应及时运送，或送冷库短期保鲜，以保持其新鲜状态；大面积生产时，可对采收的菜用黄麻当场淋水作净菜包装，菜用黄麻在有水状态下一般可以保持新鲜状态 2～3d。如不能及时食用或加工，应注意保鲜，即将嫩茎叶装入塑料袋中，于 4～5℃ 流动冷水中，经 10min 冷却到 10℃ 左右后，再贮于 7～10℃ 环境下，保持 95％ 的相对湿度。远销外地的嫩茎叶，装入泡沫箱中，尽快送入 0～5℃ 冷库预冷待运。如嫩茎叶发暗、萎蔫将变褐时，应立即处理，不可再贮藏。

第四节　主要产区栽培技术

一、福建地区菜用黄麻栽培技术

1. 土地选择

菜用黄麻根系发达，喜温暖怕涝，不耐干旱，应选择排灌方便、土层深厚且富含有机质的壤土为宜。

2. 整地作畦

由于菜用黄麻须连续采收且生长期长，对肥料要求较高，在整地前应施入充足的有机肥作基肥，一般每亩施腐熟的有机肥1 500kg、豆粕100kg、硫酸钾20kg、硫酸镁15kg，均匀撒施后进行旋耕，使肥料与土壤充分混合，按畦带沟宽120cm整地作畦，畦高20～25cm。在适宜播种期范围内，要根据天气的具体情况，提前整地，抓住"冷尾暖头""抢晴播种"。

3. 育苗

菜用黄麻可采用苗床育苗或穴盘育苗两种方式，于3月中旬播种，苗床育苗需均匀适量播种，穴盘育苗每穴播一粒种子，播种后要保持土壤或穴盘基质的湿度，确保齐苗，10～15d出苗，苗龄40d左右，每亩种植地用种量约为0.1kg。

4. 定植

当苗长至15cm时即可定植，株行距40cm×70cm，每亩定植2 800株，定植后要浇足定根水，确保苗的成活率。

5. 田间管理

（1）中耕除草

菜用黄麻生长期间需进行中耕除草，以保持土壤疏松，促进植株生长。生长前期可结合浅中耕除草2～3次，植株封行后主要采用人工拔草，以免破坏根系。

（2）合理排灌

菜用黄麻喜湿怕涝，不耐旱，要合理排灌，田间相对湿度应保持在70%左右以利于植株生长。缺水时植株生长慢，叶片小且色淡，水分过多则容易导致植株死亡。

（3）摘心打顶

当菜用黄麻的植株长高至50～60cm时进行摘心，抑制徒长，促进分枝。

（4）追肥

当苗成活后，追施一次提苗肥，每亩用10kg的Ｎ-Ｐ-Ｋ复合肥兑水浇施，以后每采收一次需追肥一次，每亩施Ｎ-Ｐ-Ｋ复合肥20kg，具体施肥量要根据植株的长势情况而定，植株长势弱，则可适当增加施肥量。

6. 病虫害防治

进入采收期后，菜用黄麻生长速度快，病虫害发生的概率较小，主要虫害有甜菜夜蛾、斜纹夜蛾、红蜘蛛等，可用20％氯虫苯甲酰胺5 000倍液、5％氟虫脲1 000倍液、10％吡虫啉1 000倍液、5％唑螨脂1 500倍液喷雾。

7. 适时采收

当心叶长至10～12cm时进行采收，一般每10d左右采收一次，一直采收至10月下旬菜用黄麻现蕾开花。菜用黄麻的心叶鲜嫩，应该在早上露水未干前采收或傍晚采收，以避免水分过度蒸发，发生萎蔫，采收后的菜用黄麻要用透气周转筐装，并置于阴凉处。

二、广西地区菜用黄麻栽培技术

1. 选地做畦

选择土质疏松、肥沃的砂质壤土种植。起垄做畦种植，一般畦宽1.5m（带沟），每畦2行，以利于排灌。

2. 播种育苗

4月下旬，采用直播方式进行播种，播后覆土厚约1cm；播种时若土壤较干燥，则播种后及时浇足底墒水，保证出苗整齐，一般每亩直播种子用量为250g。

3. 间苗与中耕除草

菜用黄麻种子3d左右萌发，苗期生长较缓慢，当苗高达25～30cm时，可分2～3次对菜用黄麻进行间苗和培土，最后定苗以

6 000～8 000 株/亩为宜。菜用黄麻品种对除草剂非常敏感，建议播种前 7～10d 喷芽前除草剂，播种后不能喷芽前除草剂。菜用黄麻生长期间结合追肥进行中耕除草，以保持土壤疏松，促进植株生长。

4. 水肥管理

播种时施基肥，施用有机肥 200～400kg/亩和复合肥 10kg/亩；苗期视苗情适当追肥；旺长期 6—7 月菜用黄麻生长速度较快，此时期以增施氮肥为主，配合一定的磷钾肥；若移栽种植，定植 7d 返青后施氮磷钾复合肥一次，每亩用量为 15～20kg。菜用黄麻打顶后每间隔 7～10d 采收一次，每次采收后每亩适当追施一次复合肥 10～15kg、尿素 5～10kg，促进侧芽萌发和分枝生长，并保持土壤湿润。

5. 病虫害防治

菜用黄麻系列品种较抗病虫害，整个生长过程中病虫害相对较少，采收期偶见田间出现螨类为害，可以喷施杀螨类药剂进行防治。

6. 采收与保鲜

当苗高 60～80cm 时即可打顶采收一次嫩茎叶，待分枝长至 20～30cm 后可进行第二次采收，此后每间隔 7～10d 采收一次。采收时间，每天 9：30 之前或 16：30 以后采摘，要防止水分过度蒸发而致萎蔫。采收的菜用黄麻要喷水保湿，经包装后装车运输，菜用黄麻在有水状态下一般可以保持 2～3d 新鲜状态。大面积生产时，可对采收的菜用黄麻当场淋水作净菜包装，若来不及运送，则需送冷库短期保鲜，以保持其新鲜状态。

三、上海地区菜用黄麻栽培技术

1. 栽培时间

菜用黄麻种子发芽适温 20～25℃，茎叶生长适温 22～30℃，能耐 38℃高温，但不耐寒，15℃时即停止生长或者生长点萎缩，遇霜枯死。上海地区露地栽培 4 月初可进行育苗，苗龄 25d 左右，4 月下旬可移栽，在 5 月下旬左右可进行第一次采收，夏末开花，秋季种子成熟。露地直播比育苗移栽时间推迟半月左右。

2. 大田准备

选择疏松、肥沃、排灌良好、pH6～7 的中性偏酸的地块最适宜。每亩用复合肥（含量氮 15 -磷 15 -钾 15）60kg、有机肥 1 000kg 均匀撒布于全田，用拖拉机深耕、粉碎后，按 3m 宽整畦，畦沟深 30cm，纵向每 25m 设一排水沟，畦面土壤要求松软平整，中间微呈马鞍形。

3. 种植方式

（1）育苗移栽

①苗床准备：播种前 3d，对育苗床按宽 1.2m、高 20～30cm 进行整地，苗床整好后浇水，浇透后用地膜覆盖，保湿增温。

②穴盘的准备和营养土配置：播种前将 128 孔穴盘用甲基托布津 800 倍液进行消毒，然后用适量水将珍珠岩、草炭按照 1∶2 的比例充分混匀后装满、装平穴盘，然后用叠在一起的 3～4 个穴盘压出播种穴后备用，播种穴的深度以 0.5～1.0cm 为宜。

③播种：播前一次性浇足底水，然后每穴播 1～2 粒种子，播后将拌好水的基质撒到穴盘上，用木尺刮平，排放在苗床上，覆盖一层地膜，外侧再用小拱棚覆盖，以增温保湿，促使早出苗。

④苗期管理：播种后 2d 种子陆续出苗，出苗 50% 以后撤去地膜，根据田间湿度适当补水，4d 左右齐苗，见真叶后用恶霉灵 1 000 倍液喷雾，苗具 2 片真叶时用叶面肥 1 000 倍液或 0.3% 磷酸二氢钾和尿素混合液追肥，并及时间苗，保证每穴有

1～2株，当真叶长至5片时可进行移栽；在苗期应根据穴盘内基质情况对苗床及时补水，白天温度控制在25℃左右，温度过高时要及时通风降温，夜间要注意保温，维持较高的地温，防止倒春寒引起的冻害；当幼苗根系刚伸出穴盘下小孔2mm左右时，要及时移盘，防止根系扎入土中；在大田移栽前5d逐渐降低棚温和控制灌水，开始炼苗以缩短定植后的缓苗时间，移栽前2d用甲基托布津800倍液防病和叶面肥800倍液进行壮苗。

⑤移栽：按照株距45cm、行距60cm移栽，移栽后立即浇定根水（也可在沟内放水进行漫灌），以确保成活。2d后查苗补缺。

（2）直播

①播种：选择在连续阴雨天气前播种，在大田畦面上按行距60cm，用锄头开深约3cm的浅沟，然后按45cm的株距将种子播于定植沟内，每穴播3～4粒，然后盖一层细土。因种子细小，顶土能力弱，盖土要薄，以0.5～1.0cm厚为宜。

②苗期管理：播种后4d左右，种子陆续出苗，此时要加强管理，促使幼苗早发，当幼苗见真叶后，用甲基托布津800倍液进行防病处理，当有2片真叶时可追施叶面氮肥，以后每7～10d追施一次。在2～5片真叶期间除草，此时除草深度要浅，划破表土即可，当幼苗长至5片真叶后，可进行定苗，每穴2～3株。

4. 大田管理

①草害控制：菜用黄麻高度在20cm左右时，根据杂草生长情况，选择晴天进行中耕除草，弄碎板结土面，增加土壤的通透性。中耕深度以不松动苗根部土坨为原则，近根部宜浅、远根部宜深。在中耕除草的过程中，适当在苗基部培土，厚度以3～5cm为宜，防止倒伏，以后每次中耕除草都需在苗基部适当培土。

②肥水管理：在定植后 15d 左右，植株根系已与土壤充分结合，可进行追肥，一般每亩用尿素 10～15kg 撒施于植株根部，并结合除草进行盖土。生长中后期，菜用黄麻生长速度随温度的升高明显加快，对肥水的需求量较大，一般每 10～15d 每亩追施尿素 10～15kg，以满足快速生长的需要，并且在干旱天气每 10d 左右，在下午进行一次沟灌补水，傍晚要及时放去沟内的多余积水。

③打顶：当菜用黄麻长至 50cm 高时，为促进侧枝的萌发、增加菜用黄麻的产量，应及时进行打顶。在掐尖打顶时，要避开湿度大的早晨和傍晚，更不能在阴雨天进行，应尽量在晴天的中午进行。因为中午气温高，植株的伤口处水分流失得快，有利于伤口尽快愈合，防止感染其他病害。同时在打顶后及时用甲基托布津 800 倍液或代森锰锌 600 倍液进行防病处理。

④病虫害防治：由于菜用黄麻抗病害能力较强，整个生育期发生病害较轻，建议每 7～10d 用广谱性杀菌剂防病；对虫害的耐受性较强，但虫害后菜用黄麻的商品价值受到影响，因此在栽培期间应以预防为主，发现虫害及时防治。

5. 采收期管理

①采收：当植株长至 100cm 时，可进行采收，采收时以 5 叶 1 心、长度 10cm 左右，茎叶颜色淡绿，尚未变红为佳，采收的叶子要及时运送至仓库或用遮盖物覆盖，防止经日光暴晒后萎蔫，影响加工品质；采收量依据植株大小逐渐增加，一般定植后 50d 进入丰产期，每次每穴采收量约 500g，6—8 月气温较高，每 10～15d 可采收一次，可连续采收至 9 月底 10 月初。

②采收后肥水管理：每次收获后用叶面肥 800～1 000 倍液追肥，促进新叶的生长，当新芽充分伸展后可再次进行采收。

③停止采收：秋季当菜用黄麻开花后，因其茎和荚果中含有毒物质，应立即停止采收，并对大田残留物进行焚烧处理。

6. 留种

在正常情况下，上海地区春播的菜用黄麻于夏末开花，秋季种子成熟收获。因此在 9—11 月，选择长势旺盛的优良母株留种，在留种母株开花前，用钾宝 800 倍液浇根，当蒴果呈茶褐色时采收，将采收的种子晾干贮藏。

四、浙江地区菜用黄麻栽培技术

1. 适时播种

菜用黄麻耐寒力较差，故春季播种不宜过早，在浙江杭州地区一般宜在 4 月下旬至 5 月上旬间播种。宜选择土质好、排灌方便的地块作为苗地，施足基肥，苗床应整细耙平。因种子细小，顶土能力弱，覆土以 0.5～1.0cm 厚为宜。

2. 育苗定植

出苗后幼苗生长较慢，要及时拔除杂草，并进行间苗。在小苗长到 2～3 片真叶时进行定植，定植的株行距为 40cm×50cm。在生长前期，为提高产量，可适当密植，在第一、第二次采收后再进行间苗。

3. 田间管理

在肥料管理方面，要重施基肥，用复合肥或腐熟的猪牛粪作底肥。移栽后要勤施薄施氮肥或人粪尿，第一次追肥可在移栽后 1 周左右或幼苗长到 25cm 左右时进行。进入生长旺期后，要重施追肥，每次采摘后，可根据其生长情况追施氮肥尿素，可视情况每隔 10～15d 追肥一次。前期必须及时中耕除草，在春夏多雨季节，要挖深沟排水，防止田间积水。

4. 适时采摘

菜用黄麻长至 30～40cm、有 6～8 片真叶时，即可采摘嫩梢食用，摘取顶芽还能促进其分枝的发生，以采收更多的嫩梢。进入旺盛生长期后，可随时采收其嫩梢或叶片上市。栽培管理得当，一般每亩年产量可达 1 000kg 左右。浙江地区在 8 月下旬至 9 月上旬气温下降，菜用黄麻生长减慢，进入开花结果期，茎叶营养增长减弱。

5. 注意事项

菜用黄麻定植后应打顶，以促分枝生长、提高产量。在前期为了减少间苗用工和播种量，建议采用育苗移栽方式，每亩栽种株数比纤维用黄麻要少一些。

菜用黄麻虽含黏液，但因其叶子含水量少于其他叶菜，采收时要及时保湿和密闭包装，以免叶子干枯而失去食用价值。

五、江苏地区菜用黄麻栽培技术

1. 播种

可在 5 月上中旬播种。在田间条播或苗床育苗，再行移栽。菜用黄麻具有较高的移栽成活率。育苗地要有充足的光照，以防秧苗徒长。

2. 整地施肥

由于菜用黄麻喜高温，且在湿润状态下生长良好，所以应选择有丰富水源的地块进行栽培。移栽地可整成连沟 100cm 的高畦。幼苗 4～5 片真叶时双行定植，株行距 30cm×40cm，整地时每亩施入优质有机肥 2 000～3 000kg。对作有机栽培的菜用黄麻，不再施用其他化学肥料。

3. 采收

当菜用黄麻株高 25cm 时即可采收。采收时在距地面 6cm 处剪取全株，到 9 月底时可采收 5～6 次。还可以掐嫩茎的方法进行采收。苗高 33cm 时单株可采鲜叶 200～220g。

4. 追肥、病虫害防治

每采收 1～2 次可追施人粪尿一次，共追肥 3～4 次，以促进生长。追肥时注意在行间浇施，不要污染叶片，防止烧叶烧心。

由于菜用黄麻受病虫害侵害的概率很小，可采用无农药栽培法。

5. 留种

需要留种时可在田间定株不采收叶片或嫩茎，让其生长开花结籽。在长江流域的苏南地区，菜用黄麻进入 10 月以后开花，当蒴果呈茶褐色时即可收获。

六、广东地区菜用黄麻栽培技术

1. 适时播种

菜用黄麻生长旺盛，根系发达，适应能力强，可在农田、山坡、河边及房前屋后的空旷地种植。耐寒力较差，在早春播种不宜过早，以 3 月上旬至 5 月中旬为宜，早春应在大棚或温室内育苗。播种不宜太迟，否则影响产量。

2. 育苗移栽

选择土质好、通风透光、排灌方便的地块作为苗地，施足基肥，苗床整细耙平，可直播，采用营养钵育苗更好，因种子细小，顶土能力弱，覆土要浅，以 0.5～1.0cm 厚为宜。出苗后加强管理，促使幼苗早生快发，小苗有 2 片真叶时，应施稀薄人粪尿水，幼苗生长较慢，要及时拔除杂草并进行间苗，有真叶 2～3 片时进行移栽，定植的株行距为 40cm×50cm，为提高前期产量，可适当密植。

3. 田间管理

重施基肥，每亩施腐熟猪、牛粪等 2 000～3 000kg，及时中耕除草，苗移栽后应勤施、薄施氮肥或人粪尿，第一次追肥可在移栽 7d 后进行。进入旺盛生长期后要重施追肥，可根据生长情况每隔 10～15d 追肥一次。春夏雨季注意田间排水。

4. 病虫害防治

菜用黄麻的病虫害主要有枯萎病、炭疽病以及小地老虎、斜纹夜蛾、蚜虫等虫害，应采用对口农药及早防治。炭疽病可用

77％可杀得 600 倍液或 70％多菌灵 800 倍液喷雾；枯萎病可用 75％百菌清 500 倍液或 70％甲基托布津 1 500 倍液淋施；小地老虎可用 3％米乐尔 1.5kg 于整地时撒施；斜纹夜蛾可用 50％辛硫磷 1 000 倍液或 5％抑太保 1 500 倍液或 800 倍液喷雾；蚜虫可用 10％毗虫灵 2 000 倍液或 50％避蚜雾 1 000 倍液或 40％乐果 1 000 倍液喷雾。

5. 适时采收

当植株高 30cm 左右并有 6～8 片真叶时即可摘嫩梢食用，摘取顶芽还能促进其分枝。进入旺盛生长期后，可随时采收其嫩梢或叶片上市，每亩年产量 6 000kg 左右。到秋季气温下降时，生长缓慢，进入开花结果期，因果实中含有有毒物质，这时应拔除植株，防止人畜取食，嫩茎和叶片不含有毒物质，可放心食用。

七、吉林地区菜用黄麻栽培技术

1. 菜地选择

宜选择土质疏松、肥沃的沙壤水稻田种植，深耕起垄整畦，单行栽植畦（含沟）宽 0.90m，双行栽植畦宽 1.40m。低洼田块以及多雨地区宜深沟高畦，以利排水。

2. 播期

4 月可育苗，当幼苗长至 4 片真叶时即可定植，露地直播时间一般在 5 月 15—25 日，收获期一般在 6 月中旬至 9 月下旬。

3. 密度

每亩播种量直播为 0.4kg，育苗亩均用种量 0.05kg，可条播、穴播，株距 40cm 左右，行距 60cm 左右。密度 6 000～8 000 株/亩。

4. 水肥管理

菜用黄麻对肥料的需要量大，宜以氮肥为主，配合一定的磷钾肥。要重施基肥，每亩施腐熟的猪牛粪等 2 000kg 以上。因此，基肥每亩施复合肥（含量 15 - 15 - 15）20kg，采收期间每个周期视苗期生长状况酌情追施一次，一般每亩施尿素 10kg 或复合肥 15kg，并保持土壤湿润，促进侧芽早生快发。整个生长期要经常灌水补肥，以满足生长期对肥水的需求。

5. 病虫害防治

主要虫害有红蜘蛛、蚜虫、象鼻虫等，主要病害有炭疽病、立枯病等。由于菜用黄麻生长快，经常收割，新叶不断长出，病虫害很少发生。在北方，田间无自然发病，但要做好病虫害的预防工作。

6. 中耕除草

生长初期，为防止杂草与菜用黄麻争光争肥，在菜用黄麻移栽成活后，应进行 1～2 次中耕除草。待旺长期植株封行后，杂草则会受到抑制。

7. 适时采收

直播与育苗移栽的菜用黄麻相比，在苗期可多采收 1～2 次，当幼苗 6～8 片真叶时可间苗供食用。在植株长到 50cm 高时即可开始第一次采收，一般采收幼茎 15cm 左右；当侧芽长至 30～40cm 时，进行第二次采摘，每条侧枝留 3 片叶让其继续发出侧枝。采后及时追肥，一般每隔 7～10d 采摘一次。

八、北京地区菜用黄麻栽培技术

1. 种植季节

保护地、露地均可种植。北京地区春露地种植，宜于 3 月中旬在保护地内播种育苗，4 月下旬定植；春保护地种植，宜于 2 月中旬育苗，3 月中、下旬定植。定植后 25d 可采收顶芽，以后陆续采收至开花结荚时。

2. 播种育苗

种子细小，发芽时顶土能力弱。宜采用 128 穴塑料穴盘育苗，以草炭、蛭石为基质。如用常规育苗方法，苗床整地要精细、平整，覆土要浅，每亩用种 8～10g。因苗期生长速度慢，抵抗不良环境能力弱，尤其受低温、阴天的影响，容易造成根系腐烂和发生病虫害。要调节好温度和光照，白天 25℃左右，夜间 15℃左右。一般苗龄 40d 左右、有 4～5 片真叶时即可定植。

3. 整地定植

施足基肥，每亩施用腐熟、细碎的有机肥 2 000kg 以上，整成 1.0～1.2m 宽的平畦（低洼易涝地区做成瓦垄高畦）。株行距（50～60）cm×40cm。为提高前期产量，可增加密度，按主副行的方式种植，在行间加栽 1 行，副行在采收两次以后间去，仅留主行继续生长。

4. 田间管理

（1）中耕除草

前期主要是促进根系和叶片生长，增加同化面积，为植株生长积累营养物质。定植 3～5d 后可浇一次缓苗水，然后中耕松土，增加土壤氧气浓度、促进根系生长，这期间 10～15d 不浇水，菜农习惯称之为"蹲苗"，时间长短视不同季节天气情况和土壤墒情而定。以后要在行间中耕，中耕深度 5cm 左右，尤其拔除副行幼株后更要加强中耕。

（2）浇水

蹲苗结束后及时浇水，具体间隔天数可根据季节、长势以及土壤墒情来定。要保持土壤湿润，不要使土壤过分干旱，也不要大水漫灌。因其根系过弱，浇大水后宜造成土壤氧气含量过低，从而影响根系对养分的吸收。要以小水勤浇为好，春、秋季节一般每隔 7d 左右浇一水，每次每亩浇水量以 35～40m³ 为宜。夏季降雨后要及时排水。

（3）追肥

定植后 20d 追一次肥，以后每隔 15～20d 追肥一次，每亩穴施活性有机肥200kg。生长中后期随水追施液体蔬菜专用肥10～15kg。在生长期间叶面喷肥3～4次，可选用雷力有机液肥或0.3%的磷酸二氢钾加0.5%的尿素混合喷施，注意应避开中午温度高、光照强和清晨有露水时喷施。

5. 适时采收

当株高达25cm、有6～8片真叶时，摘取顶芽以促进分枝，以后陆续采收嫩梢和嫩叶，直至开花都能采收。秋季进入开花结果期，因荚果中含有毒物质，应及时拔除，防止人畜误食。

第五章　菜用黄麻遗传育种

第一节　种质资源保存与鉴定

一、菜用黄麻种质资源保存

黄麻种质资源遗传多样性是黄麻遗传育种的物质基础，是极为宝贵的基因资源，自 1970 年以来，世界黄麻主产国都十分重视对黄麻种质资源的搜集、保存与鉴定研究。孟加拉国已搜集了世界各地黄麻种质资源 3 000 多份；印度搜集了以印度国内材料为主的黄麻种质资源 2 000 多份；国际黄麻组织（International Jute Organization，IJO）从位于长果种黄麻起源中心的肯尼亚和坦桑尼亚以及亚洲国家考察，搜集黄麻种质资源 1 000 多份，并开展国际区域性鉴定评价研究。中国早在 1951 年已搜集黄麻地方品种 1 822 份（李宗道，1980），20 世纪 70 年代开始对同种异名进行系统的鉴定。迄今，中国已搜集保存黄麻种质资源 1 680 多份，90％为国内资源，已整理编入《中国主要麻类作物品种资源目录》的黄麻种质资源有 744 份。我国黄麻野生资源分布广泛、类型多、开发利用潜力巨大，已搜集黄麻野生种质资源 370 份，并从国外搜集引进和保存黄麻野生种质资源 450 多份，其中黄麻有 11 个种。目前，已保存在国家长期库的黄麻种质资源 649 份，保存在中国农业科学院麻类研究所"国家麻类种质资源中期库"的有黄麻种质资源 1 016 份，还有一部分种质资源分别保存在各高校及地方科研院所中，主要有福建农林大学作物遗传育种研究所、福建省农业科学院亚热带农业研究所、浙江省农业科学院萧山棉麻研究所、广东省农业科学院原经作所，亟待集中、安全保存（粟建光，2003）。

二、菜用黄麻种质资源鉴定

1. 形态学分类

以腋芽有无刺、茎秆颜色、叶柄色及不同生育类型和花果着生部位的差别进行系统分类，圆果种黄麻可划分为 41 个形态类型，长果种黄麻可划分为 11 个形态类型。圆果种有腋芽品种和长果品种为节上着生花果，无腋芽品种为节间着生花果。其不同类型的分布，以华南地区品种类型最多，长江流域次之，长江以北地区较少。

我国的黄麻种质资源以圆果种居多，约占种质资源总数的 68.88%，长果种占 31.12%，在黄麻圆果种中无腋芽品种居多，占 76.13%；有腋芽品种占 23.87%，长果种黄麻均为有腋芽类型。而根据黄麻植株茎、叶柄、花萼、果实所含花青素的不同，又可分为色素型和绿色素型。圆果种中色素型品种约占 79%，植株全绿的绿色素型品种约占 20%；长果种中，色素型品种占 34%，绿色素型品种占 66%。根据黄麻生育类型的不同，可将生育期分为特早、早熟、中熟、晚熟、极晚熟五种类型，以中熟品种居多，分别占圆果种和长果种的 40% 和 87%（中国农业科学院麻类研究所，1985）。

2. 细胞学分类

Burkill 和 Finlwo 认为圆果种有 33 个类型，长果种有 5 个类型；印度农业研究所认为圆果种至少有 50 个类型，长果种有 8 个类型（李宗道，1980）。蒴果长筒形，染色体组型为 $2n=14=12M+2M$（SAT），带型为 $2n=14=12C/C+2wN/C$ 定为长果种；蒴果球形，染色体组型为 $2n=14=14M$，带型为 $2n=8C/C+6W/C$

定为圆果种。

3. 生物化学分类

同工酶是基因转录和翻译的直接产物，植物的不同种具有不同的同工酶反应，其结构上的差异反映了基因型的差异。近二三十年来，可溶性蛋白质和同工酶电泳等生化技术的应用，改进了许多作物的常规鉴别分类方法。

周安靖（1983）对 10 个不同类型的黄麻圆果种和长果种的过氧化物酶同工酶进行测定，发现圆果种和长果种的酶谱差别很大，长果种第 1、3、20、21 特征带宽而明显，圆果种第 6、7 特征带宽而明显，从两个栽培种的酶谱来看，长果种酶带不及圆果种多和明显，并认为圆果种色茎的表现与第 7、17 过氧化物酶谱带有关，而腋芽的有无与第 15 酶带有关。卢勤等（1990）还研究了两个栽培种与黄麻野生种酶谱同工酶的差异，发现圆果种由两条特别明显的强活性特征酶带，两个栽培种还有一条相同的特征酶带，而野生种则没有这条酶带，对可溶性蛋白质同工酶的测定，发现栽培种与野生种的酶带迁移率存在差异，表明基因结构中氨基酸编码序列的不同。

4. 分子生物学分类

祁建民等采用 RAPD 标记构建了黄麻属（*Corchorus*）植物 10 个种 27 份材料的指纹图谱，从 119 个随机引物中筛选出清晰且多态性高的 25 个引物，共扩增出 329 条 DNA 片段，建立了 UPCMA 聚类图。结果表明：

（1）供试黄麻属 15 份野生种和 12 份栽培种具有丰富的遗传多样性，遗传相似系数为 0.49～0.98。

（2）在聚类分析中，当 L_1 取值水平 $D=0.785$ 时，可将两个栽培种及其近缘野生种（*C. capsulris* 和 *C. olititorius*）与原始黄麻野生种划分为 3 个不同类群，反映出栽培种及其近缘野生种与原始野生种间有明显的遗传差异。

（3）当 L_2 取值水平 $D=0.850$ 时，可将供试 27 份材料划分为 10 个以物种为单元的亚类群或个类：①假黄麻 C. aestuans（3 份）；②三齿种 C. tridens；③梭状种 C. fascicularis；④假长果种 C. psendo‐olitorius；⑤假圆果种 C. pseudo‐capsularis；⑥三室种 C. tilacularis；⑦甜麻（新种未定名）；⑧圆果种 C. capsularis（9 份）；⑨长果种 C. olitorius（7 份）；⑩荨麻叶种 C. uriticifolius。试验结果与 10 个种的经典分类相吻合，揭示了种间的遗传差异性。其中圆果种 C. capsularis 与长果种 C. olitorius 两个种亲缘关系较近，与荨麻叶种 C. uriticifolius 种间亲缘关系较远。

（4）非洲荨麻叶种 C. uriticifolius 和中国的甜麻（新种未定名）、假黄麻 C. aestuans 3 个种与其他种间的遗传差异较大，处在分子聚类树较基础的地位，为较原始的黄麻野生种。

（5）非洲的三室种 21C 为三室种的一个生态型亚种；采集于中国的黄麻野生种河南南阳的粘粘菜、福建漳浦的菜用黄麻、云南开远的猪菜为 3 个不同生态类型的假黄麻；海南野生圆果为圆果黄麻栽培种的近缘野生种；漳浦野生长果、河南野生长果、马里野生长果为长果栽培种的近缘野生种，种内不同材料间遗传相似性较高，亲缘关系较密切。

第二节　主要性状遗传

一、花青素遗传

菜用黄麻花青素是品种鉴别的重要特征性状之一，各品种间存在明显差异。菜用黄麻花青素可分为红色和绿色两个主要基本类型，红色类型可根据色泽的深浅分为深红色、红色、浅红色、微红色等。研究表明，圆果种菜用黄麻红色对绿色为显性，是单基因遗传。控制菜用黄麻花青素遗传的基因多于一对。圆果种菜用黄麻花青素颜色有 10 种类型，为 3 对基因相互作用的结果：$C\text{-}c$、$A\text{-}a$、$R\text{-}r$，其中 C 为色素原基因。C 表现有色，是决定植物各器官产生花青素的前提，c 表现绿色；A 决定花青素的强度和分布，已发现 $A^D\text{-}A^R\text{-}A^L\text{-}A\text{-}a$ 系列复等位基因，只有 c 存在时，A 复等位基因才起作用；R 为色素减免基因，对茎色起作用，r 无减免作用。长果种菜用黄麻的花青素为 3 个复等位基因 A^{OD}、A^{OR}、a^0（深红、淡红、全绿）所控制。圆果种菜用黄麻叶柄红色对绿色为显性，是单基因遗传，叶柄颜色、腋芽（分枝性）及托叶形状 3 对性状为独立遗传；茎色的遗传比较复杂，F_1 代有的红色表现显性，有的绿色表现显性，F_2 代皆按 3∶1 分离，茎色和腋芽两对性状为独立遗传。

二、腋芽（分枝性）遗传

腋芽有无是圆果种菜用黄麻品种的主要特征之一。有腋芽表现为显性，受一对基因控制（Br -有腋芽，br -无腋芽）。腋芽基因与色素原基因、花青素复等位基因、花冠色泽基因、花药色泽基因无连锁关系，分枝性为独立遗传。

三、叶片苦味遗传

长果种菜用黄麻的叶片无苦味；圆果种菜用黄麻的叶片大部分有苦味，少数品种无苦味。有苦味（Tb）对无苦味（tb）为显性，表现为单基因遗传差异。

四、种子颜色遗传

长果种菜用黄麻栽培品种的种子为葱绿色，野生类型的种子呈暗黑色。种皮颜色受一对基因支配（Gr 暗黑色，gr 葱绿色），圆果种菜用黄麻的种子为棕色和蓝色，棕色对蓝色为显性，为一对基因遗传差异。

第三节　育种方法

一、引种

菜用黄麻为喜温、短日照蔬菜。缩短日照或提高温度会缩短生育期，而南种北植则会延长生育期；反之，由高纬度向低纬度引种，即北种南植则会缩短生育期。因此，在一定的区域内，选择生育期适宜的品种进行南种北植是增产的一项有效措施。我国地域辽阔，因此引种前必须充分注意这一基本规律与经验。

菜用黄麻引种、鉴定、利用是充分利用已有研究成果的一项经济、简捷的方法。菜用黄麻南种北植要注意两个原则：一是引种的品种必须是种性优良、具有良好推广前景的优良品种；二是在大面积推广前，必须进行对比鉴定和示范试种，进一步鉴定引进品种的丰产性、适应性、抗逆性等。

二、杂交育种

菜用黄麻杂交育种是根据育种目标品种间人工杂交的遗传改良方法，从亲本选择与组合配制到杂种后代选择与鉴定等，均按照育种家所预先制订的育种目标进行，以其极强的针对性成为近半个世纪国内外育种学家所采用的最主要的育种方法。印度是世界上最早开展黄麻杂交育种的国家，中国则在 20 世纪 50 年代中期以后才开展了黄麻杂交育种研究。

1. 亲本选配和后代选择原则

（1）育种目标

制订育种目标（如优质、高产、抗病、生育期适当等），既要考虑到当前当地的生产实际和育种水平，又要考虑今后一定时期内农业发展对品种的要求（如耐肥、抗逆性、适应性等），才能制订出切实可行的育种指标。

（2）亲本选配

根据育种目标选择杂交亲本，要求能达到所需改良的性状或特性，要选择双亲优点多、缺点少，而且优缺点能互补的亲本。如杂交亲本要选择农艺性状较好、适应性强、品质好的，或具有某一特别优良性状，以改良某一推广品种突出缺点。在抗病育种上，必须有一个高抗或免疫的亲本，这样选育出抗病性高、丰产性好的品种概率也高。

（3）后代选择

在杂交后代群体中进行选择，应根据质量性状遗传传递规律、主要数量性状遗传力大小以及性状相关程度与选择指数，结合育种家的经验，进行综合考虑并灵活运用相关选择技术。

（4）种植群体

杂交后代的种植要特别注意密度均匀和栽培管理条件的一致性，以减少环境差异造成的误差，提高选择的准确性和育种效率。

2. 杂交技术

（1）花期调节与选株

应根据亲本的生育期、对光照和温度反应的特性，采用分期播种或短光照处理方法，调节花期，使双亲花期相遇。杂交前要选择具有该品种典型性状、生长健壮和无病害的植株作为杂交亲本。

（2）选蕾与去雄

在盛花期选择花蕾饱满、发育正常、第二天能开花的花蕾，一般每簇选1～2个花蕾，在开花前一天或当天6：00～7：00开花前去雄套袋，并挂上纸牌，写明杂交组合和日期。

（3）授粉与复查

在8：00后取已开花的父本的花朵，将其花粉轻轻与母本（已去雄）花朵柱头接触，使大量花粉散落在柱头上，授粉后再套袋，授粉后 3d 若子房为鲜绿色，表明已受精；若未受精可补做杂交。

（4）收获与贮藏

授粉后 40～60d，种子即可成熟，按单果收获、脱粒、晒干、登记、贮藏。

3. 杂种后代的选择方法

菜用黄麻杂种后代的选择方法与育种效率有密切关系。目前我国杂种后代的选择方法主要有两种，即系谱选择法和衍生系统法。

（1）系谱选择法

杂种 F_1 代按单果播种，并播种亲本做对照。F_1 代主要依据性状显隐性表现淘汰假杂种；F_2 代按 F_1 代组合单株或混合群体播种，按育种目标严格选择优良单株；F_3 代种植 F_2 代中选择的优良株系，在优良株系中优中选优；F_4～F_5 代继续种植 F_3 代中选择的优良株系，对抗性、产量、生育期进行严格选择，并与当地推广品种做对照比较；F_5 代后选择性状比较稳定、群体整齐、符合育种目标的优良株系，进入品系比较试验，进而进行区域化试验和生产示范鉴定。

在菜用黄麻杂种后代的选择过程中，应根据育种目标多看细比、综合分析，先观察群体总体表现，再从中寻找所需的优异单株，并在各世代中进行定向选择。同时在选株过程中将各性状的遗传力、遗传相关和遗传进度及其选择指数作为选择的理论依据。

（2）衍生系统法

根据 F_2 代个体田间生长表现并参照菜用黄麻主要经济性状的遗传力、遗传相关结果，进行一次严格的单株选择，F_3 代建立单株后代衍生群体；F_3 代以后各世代，只在衍生群体中淘汰不良的衍生系统。

三、诱变育种

利用物理与化学诱变处理菜用黄麻种子或其他组织器官，使其迅速发生变异，再从变异后代中选出优良新品种。辐射诱变育种对于改良某一优良品种的单一性状比较有效，如早熟性、抗病性等。国外利用物理因素诱变黄麻，应用最多的是 X 射线，其次是 γ 射线（放射源^{60}Co）、^{32}P 和中子。中子诱发黄麻突变效果比 γ 射线大 1.5 倍。化学诱变试剂有甲基磺酸乙酯（EMS）、硫酸二乙酯（DES）、乙烯亚胺（EI）等。中国农业科学院麻类研究所 1972 年，用^{60}Co 9 万 R[①]γ 射线处理广东长果×褐秆 1 号杂种后代，选育出抗黑点炭疽病的长果黄麻品种土黄麻。

应用 X 射线等物理因素诱发菜用黄麻发生变异，变异的范围和变异程度也较大，在菜用黄麻植物学形态和生育期，以至染色体数目和结构等，均有可能发生变异。花粉的不育程度也随诱变剂量的增加而增加，但这些变异绝大部分是无效的或有害变异，如出现黄化苗、植株变矮等。据国外报道，经辐射产生的变异中有用变异为 $2\% \sim 4\%$。圆果种用 6 万～12 万 R γ 辐射、长果种用 5 万～9 万 R γ 辐射时，后代出现的变异类型较多。

在适宜剂量范围内经过辐射处理所产生的 M_1 代的外部形态变异类型是多种多样的，在 M_1 选择过程中要尽可能保持较大的变异群体，并根据育种目标进行单株选择，M_2 种成单株系。由于诱变育种所引起的部分性状变异一般来源于个别染色体上的基因突变，因而变异后代稳定较快，选择效率也较高，经过 3～4 代就可以形成稳定的品系。

---

① R（伦琴）为非法定计量单位，1R＝2.58×10^{-4}C/kg。下同。——编者注

四、多倍体育种

印度黄麻研究所曾用 0.1% 秋水仙素溶液处理长果黄麻 JR0632 二倍体，获得同源四倍体变异株；用长果种翠绿（CG）四倍体与二倍体杂交获得三倍体，再用 X 射线 2 万～8 万 R 照射后播种，认为 2 万～8 万 R 对 JR0632 二倍体无反应，6 万～8 万 R 能降低 JR0632 四倍体黄麻和翠绿二倍体的发芽率，对三倍体的黄麻则无影响。

第四节　种子生产

一、菜用黄麻良种繁育的特点

菜用黄麻良种繁育的基本任务是快速繁育优良品种的种子并保持其优良特性，供生产领域应用。与其他作物相比，菜用黄麻良种繁育有以下特点：

第一，繁殖系数较高。一般单株菜用黄麻可收种子 5～6g，经 2 年繁殖第 3 年就可以供 45～105 亩用种。

第二，异交率低。菜用黄麻为自花授粉作物，圆果种天然杂交率为 3% 左右，异交率较低，但长果种天然杂交率约 10% 左右，给品种保纯增加困难。

第三，种子生产与嫩茎叶采收二者可兼得。菜用黄麻采取打顶促分枝来提高种子繁殖系数，待菜用黄麻株高为 90cm 左右时开始第一次采摘，即留桩 70～80cm，于采摘期共采摘 1～5 次，每次采摘间隔时间为 8～10d，同时兼顾嫩茎叶和种子的产量。

第四，种子繁殖受环境条件限制。菜用黄麻优良品种"南种北栽"可以保证丰产，但有些品种特别是晚熟种在较北地区不能留种。

二、菜用黄麻良种的退化

菜用黄麻良种退化现象主要表现为品种混杂、成熟期不一致、早花以及抗逆性衰退。

1. 菜用黄麻良种退化的原因

菜用黄麻良种退化的主要原因是没有完善的良种繁育制度、机械混杂、不正确的选择方法以及生物学混杂（主要是品种间天然杂交）。与其他作物比，菜用黄麻良种繁育制度更不完善，长江流域麻区由于许多优良品种留不到种子或种子产量不高，没有自己的留种基地，每年需从广东、福建等省调种；而供种省同样没有完善的良种繁育制度，经营单位技术力量薄弱，有的甚至把好几个品种混在一起，加之贮藏、运输过程中的混杂，因此菜用黄麻品种机械混杂（主要是品种混杂）比其他作物更为严重，这是造成菜用黄麻良种退化的主要原因。

其次是不正确的选择方法引起退化。在留种过程中，没能根据优良品种的特征特性进行选择，尤其是南种北植的品种，人们为了提早收获种子，往往选择一些早熟甚至早花的植株留种，长期的人工选择，使早熟特性得以积累，优良品种的种性也随之退化。

第三是生物学混杂，主要由品种混杂和异交引起。长果种菜用黄麻天然杂交率较高，种植多年，尤其是栽培品种数目多，又没有进行严格的隔离和选择，产生混杂和天然杂交，这也是引起退化的原因之一。

2. 防止退化的途径

必须建立和完善良种繁育制度，这是当前防止菜用黄麻良种退化的关键措施。

第一，健全和完善良繁体制。在经营体制上，应把菜用黄麻种子划归种子公司经营管理，以加强技术指导。

第二，建立原良繁基地。在福建、广东、广西建立菜用黄麻原种生产基地，繁殖优良品种的原种种子，而原原种的种子繁种应由育种单位提供。

第三，建立育—繁—推一体化生产种基地。利用华南地区的有利气候条件，建立以县为单位，以特约乡（镇）、村或专业户为基础的种子生产基地，负责生产、供应生产用种子。

第四，完善去杂保纯种子生产制度。一般生产用种子可采用片选、去杂等方法，保证种子纯度和质量。

三、菜用黄麻留种的方法与技术

1. 原株留种

这种留种方法的优点是在正常播种季节播种，使品种的特征、特性能得到充分表现，便于除杂、去劣。原株留种要注意除杂、去劣、加强田间管理，适当增施磷钾肥，以提高种子产量和质量。

2. 夏播留种

根据菜用黄麻生长发育要求高温、短日照的特性，利用我国华南麻区的有利气候条件，进行菜用黄麻夏播留种，对解决当前菜用黄麻种子供不应求有一定现实意义。夏播留种的技术要点包括：一是播种要及时。福建闽南一般在 7 月 20 日播种，适当提早播种。二是施足基肥，早施追肥（一般出苗后 15d 左右施用），以满足夏播麻出苗后迅速生长的需要。三是夏播麻生长正值高温干旱季节，容易遭蜘蛛、叶蝉等为害，要注意及时防治。

夏播留种，可多种一季早稻，冬季还可种大麦、蚕豆（莆田）或蔬菜（闽南），既提高了土地利用率，增加了经济效益，由于气温高、生长快，又能方便管理、避过台风危害。

3. 短光照制种

长江流域种植区为解决南种北植良种在当地收不到种子的矛

盾，采取短光照制种，在适宜的温度条件下完全可以促使植株提早现蕾开花而收到成熟的种子。其缺点是制种成本高，大面积繁种较困难。

四、种子的收获与贮藏

1. 种子收获

菜用黄麻种子的质量与收获期有关。菜用黄麻开花集中在植株梢部和侧枝上，为聚伞状无限花序，可分为乳熟、黄熟、完熟、枯熟四个时期，完熟期为采种的适期，这个时期的主要特征是蒴果黄色或淡褐色，果皮干皱，种子充实，发芽率高。菜用黄麻蒴果成熟有先后，一般当中上部蒴果种子变成棕色（圆果种）或墨绿色（长果种）时，即可收获。长果种菜用黄麻蒴果易裂开，要分 2～3 次收获。菜用黄麻从开花到种子成熟需 45～60d，因品种和气候条件而异。据浙江省农业科学院研究，菜用黄麻种子在开花后第 20 天收获者完全不发芽，第 30 天收获者发芽极不完全，第 40 天收获者可借后熟作用而近于完熟，第 50 天后收获者借后熟作用能完全发芽，第 60 天收获者不经后熟作用便能完全发芽。因此，菜用黄麻种子采收后，可带果或连同果枝熟 7～14d 后再脱粒，以提高发芽率。

2. 种子贮藏

菜用黄麻种子贮藏的寿命长短主要取决于种子本身的饱满度、含水量及贮藏环境的温度、湿度。一般菜用黄麻种子库存的安全含水量为 12% 以下，含水量降低到 2% 左右也不影响种子的生活力。但种子的含水量越高，种子体内代谢旺盛，种子体内营养耗费越快，从而导致种子生活力快速下降而丧失发芽率。因此，种子在贮藏前一定要尽可能晒干，以含水量降到 12% 以下为好。

孙家曾、肖瑞芝（1997）报道，采用干燥器（干燥剂为氯化钙）贮藏，到第 10 年种子发芽率仍达 87.3%。国内外学者也研究了各种贮藏方法，T. Chosh（1958）采用塑料袋包装贮藏 25个月，菜用黄麻种子发芽率仍保持在 86.4～97.4%。郑云雨等（1990）进行黄麻种子贮藏研究，把适时收获的种子，在太阳下晒 3d，种子含水量在 10% 以下，发芽率 98～100% 的黄麻种子，用牛皮纸包装好，贮藏在以氯化钙作干燥剂的干燥器中，干燥器放置在年平均温度 20.2℃ 的室内条件下，经 11～15 年，测定其发芽率：不同品种平均发芽率为 98.6～92.1%，贮藏 16 年的种子发芽率仍保持 78.3%。干燥器贮藏菜用黄麻种子能保持较长时间，其关键因素是控制种子含水量。

第六章 菜用黄麻病虫害及其防治

近几年菜用黄麻作为特菜开发品种，水肥管理加强，产量上升，面积增加，但在栽培过程中，由于茬口安排不当、环境条件不适宜、菜园不清洁、栽培管理不当等原因，菜用黄麻病虫害问题也就凸显出来。从总体看来，菜用黄麻的主要病害有苗枯病、炭疽病、立枯病、根结线虫病等，主要害虫有斜纹夜蛾、小地老虎、蚜虫、美洲斑潜蝇等。菜用黄麻植株病虫害防治主要分为非化学防治与化学防治。

第一节 病害发生与防治

一、菜用黄麻苗枯病

菜用黄麻苗枯病是引起菜用黄麻死苗的主要病害之一，在全国各麻区均有不同程度的发生，特别是早播的麻地，每遇春寒多雨，春季低温高湿，往往造成缺苗断垄，对生产影响较大。

1. 症状

幼苗根部被害后，变成褐色至黄褐色腐烂，苗凋萎枯死。子叶及第一、二片真叶被害，多在叶缘部分产生黄褐色近圆形病斑，并可蔓延至叶柄和幼茎，产生水渍状黄褐色病斑；发病严重时，真叶常呈扭曲状，叶片早落，幼茎腐烂，苗萎蔫枯死。

2. 病原

菜用黄麻苗枯病菌为半知菌亚门链格孢属的真菌 *Alternaria* sp.。分生孢子梗单条状，直或略弯，基部褐色，越向顶端颜色越淡，有横隔膜。分生孢子倒棍棒状，褐色，具纵横隔膜，多个链生于分生孢子梗上。

3. 发病规律

此病主要以菌丝潜伏于种子内部或随病组织遗留于土壤中越冬，成为次年初次侵染源，其宿主范围较广，因此初次侵染源来自其他途径的可能性也很大。初次发病后病部产生的分生孢子，主要借风雨传播进行重复侵染。此病在春季阴寒多雨及地势低洼情况下发生最严重，而播种过早、土质黏重或劣质种子，也易诱致发病。

4. 防治方法

种子消毒。选用成熟度高的种子，充分进行日晒、水漂，清除劣种，然后进行药剂处理。目前简便有效的种子消毒处理是，按种子重 0.5% 的多菌灵拌种，并密封贮存半个月左右后播种。

合理轮作。菜用黄麻与水稻或其他禾本科作物轮作。在无法实行轮作时，可采用翻耕晒土、客土或破沟换畦等方法。

精耕细作。改善栽培条件，播种前，要将麻地整得细平，基肥宜施足，沟渠应疏通。当地温稳定在 15℃ 以上的冷尾暖头，就要抢晴播种，并用草木灰混合土杂肥盖种。幼苗期重点剔除病苗、弱苗，及时中耕、除草、施肥等。

农药防治。目前推广的品种一般抗苗枯病力较强，若有发病，应进行喷浇。

二、炭疽病

菜用黄麻炭疽病俗称"烂脚死"，在全国各麻区均有不同程度的发生，抗病品种较少发生，有的品种也感病。为害严重时，麻苗成堆成片倒伏枯死。成株茎斑累累，茎基黑腐，叶片发黄早落，以至全株枯死。

1. 症状

幼苗出土前受害，常腐烂致死；出土后受害，茎基部呈黑褐色并缢缩，苗萎垂倒伏。成株茎部受害，多在叶痕处产生黑褐色不规则凹形斑，叶痕间的病斑较小，略隆起但不深入到韧皮部。叶片病斑呈近圆形或不规则形，黑褐色，多沿叶脉扩展而使之变黑。蒴果受害重时变黑、干枯，并可沿果柄扩展至茎部。

2. 病原

菜用黄麻炭疽病菌，称刺盘孢菌（*C. corchorum*），为半知菌亚门的一种真菌。病部表面散生的黑色小粒状物是病原菌的分生孢子盘，直径 $100 \sim 350 \mu m$，上生很多无色、短条形的分生孢子梗和无色、新月形、单孢的分生孢子，盘的周缘生褐色刚毛数根至十余根，病原菌菌丝发育适温为 $30℃$，最高为 $40℃$，分生孢子发芽温度范围为 $16 \sim 35℃$，最适温度为 $25 \sim 30℃$。发芽时生一横隔膜，并从两端各抽生一根芽管，然后在芽管顶端形成附着胞，再从附着胞产生侵染丝侵入寄主组织。

3. 发病规律

附着于种子表面的分生孢子和潜伏于种子内部的菌丝体，以及残留于地面的病组织，都是此病的初次侵染来源，再次侵染主要以分生孢子借风雨传播。此病的发生流行，与品种的抗病性、气候条件及耕作栽培措施等有关。凡品种感病，气候闷热高湿、过量偏施氮肥和土质黏重、排水不良的连作麻地，发病往往严重，反之则轻。

4. 防治方法

选用抗病品种与农业防治、化学防治相结合，可有效地控制此病的发生流行。

种子消毒。播种前，种子须晒干、精选，晒干后按种子重

0.5%的多菌灵拌种，封存半个月后播种。

合理轮作。麻地要实行轮作或深耕改土，施足基肥并适时适量追施氮磷钾肥，及时排灌等。

喷药保护。在苗期和生长中期，可喷施 800～1 000 倍多菌灵。

三、根结线虫病

菜用黄麻根结线虫病在全国各麻区均有不同程度的发生，特别是南方麻区发生严重，抗病品种较少，有的品种也感病。为害严重时，导致菜用黄麻减产严重。

1. 症状

苗期、成株期均可受害。根部初生很多细小根瘤，后可长到绿豆至大豆或蚕豆粒大小。虫瘿初为黄白色，后变褐或全根腐烂。严重时每株根系上生数十个根瘤，有的相互融合引起全根或侧根肿胀、扭曲变形，细根毛很少，地上部叶色变黄或全株枯死。

2. 病原

病原有南方根结线虫 1 号、2 号小种（*Meloidogyne incognita*）和爪哇根结线虫（*Meloidogyne javanica*）及花生根结线虫 2 号小种（*Meloidogyne arenaria*）等。其中南方根结线虫占绝大多数。该线虫雌雄异形，幼虫呈细长蠕虫状。雄成虫线状，尾端稍圆，无色透明，大小（1.0～1.5）mm×（0.03～0.04）mm。雌成虫梨形，每头雌线虫可产卵 300～800 粒，雌虫多埋藏于寄主组织内，大小（0.44～1.59）mm×（0.26～0.81）mm。

3. 发病规律

该虫多在土壤 5～30cm 处生存，常以卵或 2 龄幼虫随病残体遗留在土壤中越冬，病土、病苗及灌溉水是主要传播途径。一般可存活 1～3 年，翌春条件适宜时，由埋藏在寄主根内的雌虫产出单细胞的卵，卵产下几小时后，形成 1 龄幼虫，蜕皮后孵出 2 龄幼虫，离开卵块的 2 龄幼虫在土壤中移动、寻找根尖，由根冠上方侵入并定居在生长锥内，其分泌物刺激根部细胞膨胀，使根形成巨型细胞成虫瘿（或称根结）。在生长季节，根结线虫的数量以对数增殖，发育到 4 龄时交尾产卵，卵在根结里孵化发育，2 龄后离开卵块，进入土中进行再侵染或越冬。南方根结线虫生存最适温度 25～30℃，高于 40℃、低于 5℃ 都很少活动，55℃ 经 10min 致死。田间土壤湿度是影响孵化和繁殖的重要条件。土壤湿度适合麻类生长，也适于根结线虫活动，雨季有利于孵化和侵染，但在干燥或过湿土壤中，其活动易受到抑制，且在砂土中为害常较黏土重，适宜土壤 pH 为 4～8。

4. 防治方法

水淹法。有条件的地区对地表 10cm 或更深土层淤灌几个月，可起到防止根结线虫侵染、繁殖和增长的作用，根结线虫虽然未死，但不能侵染。

轮作法。在根结线虫为害严重的田块，实行水旱轮作，防治效果好。广东、广西地区，收麻后再种一季水稻，防效显著。在缺少水源的麻区，采用禾本科作物与麻类轮作，也可减轻受害。

药剂法。每亩用棉隆 20kg、塑料薄膜封底 20d 后播种，可以有效防治根结线虫病的发生。

四、立枯病

菜用黄麻立枯病又名茎立枯病、茎点枯病、干枯病、茎腐病等，是菜用黄麻生产栽培过程中的重要病害。苗期、成株期均可发病。

1. 症状

苗期染病，子叶呈黄褐色枯死，其上生出许多黑色小粒点。幼茎染病引致猝倒或苗高 10～25cm 时，下部叶片生不规则黄色病斑，后扩展成条状溃疡，造成苗枯。茎部染病，初生褐色梭形斑，可扩展至全茎，病部表现密生黑色小粒点，即病菌分生孢子器。根部染病，主根、侧根呈黑褐色腐烂，地上部萎蔫，从下向上逐渐变褐，终致全株干枯。木质部、韧皮纤维间形成很多细砂状黑色小菌核。病部皮层易剥开露出丝状纤维。

2. 病原

病原为丝核菌属立枯丝核菌（*Rhizoctonia solani*）。分生孢子器球形至扁球形，直径 $100\sim200\mu m$，初埋生在寄主表皮下，后突破表皮孔口外露。分生孢子长椭圆形至卵形，单胞无色，大小（$16\sim29$）$\mu m\times$（$6\sim11$）μm。菌核黑色，近圆形至不规则形，直径 $50\sim150\mu m$。该菌生长适温 $30\sim35℃$，$55℃$ 经 $10min$ 致死。相对湿度以 $96\%\sim100\%$ 最适。菌丝生长最适 pH 为 6.8，pH5.8$\sim$7.5 时利于孢子萌发。

3. 发病规律

病菌以菌丝体和菌核随病残体在土壤中越冬，成为翌年初侵染源。病部产生的分生孢子借风雨传播进行再侵染。该病属高温高湿型病害，气温 $30℃$ 遇有多雨或高湿条件易流行。圆果种易发病；地势低洼、湿度大或常遭水淹的田块发病重。

4. 防治方法

选用抗病品种。如印度的 JRC - 918、JRC - 1108。

加强菜田管理。进行合理轮作，最好与禾本科作物或豆类进行轮作；低洼地要及时排水，防止湿气滞留；干旱季节或地块须适时灌溉。

生物防治。近年发现有些放线菌对该菌有颉颃作用，生产上可施用油饼制成的菌肥。此外，木素木霉能在该菌菌丝上寄生，当土壤中木素木霉占优势时，该病菌就难立足，生产上可试用。

药剂防治。在苗期和生长中期，可喷施 $800\sim1\,000$ 倍多菌灵。

五、白绢病

1. 症状

发生在苗或成株茎基部，产生黄褐色病斑，病斑横向扩展一圈时，植株便枯萎死亡。病斑上及其附近土表常见白色至褐色球状菌核。

2. 病原

病原为小核菌属齐整小核菌（*Sclerotium rolfsii*）。

3. 防治方法

深翻改土，加强田间管理。收获后深翻土壤，可减少田间越冬菌源。

土壤消毒。在种植前，每亩用绢遁1 000g加细干土20kg以上，或70%五氯硝基苯可湿性粉剂1 000g加细土20kg左右，拌匀撒在播种沟内或树穴周围。

加强管理。生长期要及时施肥、浇水、排水、中耕除草，提高抗病能力。

提倡施用秸秆腐熟剂菌沤制的堆肥或腐熟有机肥，改善土壤通透条件，增加有益微生物菌群。

药物防治。在发病初期可用绢遁稀释800～1 000倍，或用丰洽根保600～800倍，或用1%硫酸铜液，或用25%萎锈灵可湿性粉剂50g加水50kg，浇灌病株根部；也可每亩用20%甲基立枯磷乳油50mL，加水50kg，每隔10d左右喷一次。

六、白粉病

1. 症状

叶片、茎秆及蒴果表面产生许多灰白色粉状霉层。

2. 病原

病原为粉孢属白粉孢（*Oidum erysiphoides*）。

3. 化学防治

常用的药剂有：15％粉锈宁可湿性粉剂或 20％三唑酮乳油 2 000～3 000 倍液；75％十三吗啉乳油 1 000～1 500 倍；30％特富灵湿性粉剂或 12.5％腈菌唑乳油 1 500 倍液；可湿性硫黄粉 300 倍液；25％乙嘧酚悬浮剂 1 000 倍液；75％百菌清可湿性粉剂 600～800 倍液。在保护地中用百菌清烟剂熏烟，兼治霜霉病和白粉病。喷药时要注意中下部老叶和叶背处喷洒均匀。在发病初期，每隔 7～10d 喷一次，连续 2～3 次，可达到较好的防治效果。

七、茎斑病

1. 症状

叶片、茎秆及蒴果上产生梭形至不规则形黑褐色病斑，潮湿环境下产生灰白色霉层。

2. 病原

病原为尾孢属菜用黄麻尾孢（*Cercospora corchori*）。

3. 防治方法

选用抗病品种。长果种发病严重区选用圆果种黄麻品种种植，或选用"广手长果"等抗病性强的长果种品种栽培，降低发病率。

轮作改土。菜地与水稻或其他作物轮作，增施磷钾肥，南方 7—8 月干旱季节及时灌溉抗旱，既增强麻株抗逆力，又能降低发病率。

种子处理。在晒种、选种基础上，用 40％多福混剂（25％多菌灵＋15％福美双）0.5kg 拌种 100kg，密闭贮藏半个月后播种。也可用 40％拌种双拌种（用量同上）播种，同样有效。

大田喷药防治。在苗期或成株期茎基部初发病时，用 50％多菌灵或硫菌灵可湿性粉剂 1 000 倍液，或 75％百菌清可湿性粉剂 800～1 000 倍液，或 70％代森锰锌 1 000 倍液喷雾防治，每亩用药液 50～75kg，每隔 10～15d 用药一次，共 2～3 次。

八、斑点（褐斑）病

1. 症状

为害叶片，病斑圆形或不规则形，后期病斑上长有小黑点。

2. 病原

病原为叶点霉属菜用黄麻叶点霉（*Phyllasticta corchori*）。

3. 防治方法

忌连作。因病残体是主要的初侵染源，故播前应彻底搞好清园工作并避免连作。与水稻轮作一年效果较好。

整地施肥。结合整地晒土起高畦，施足优质有机肥料，整平畦面以利灌排；避免单独或过量施速效氮肥，适当增施磷钾肥，以增强抗性作用。

喷药保护。发病初期可选喷 70％甲基托布津可湿性粉剂 1 000 倍液，20％氟硅唑咪鲜胺 600～800 倍液，75％百菌清可湿性粉剂，高科 56％嘧菌酯，百菌清 800～1 000 倍液，30％氧氯化铜悬浮剂 300～400 倍液，每隔 7～8d 喷一次，连续喷 3～4 次。

第二节　虫害发生与防治

一、小地老虎

小地老虎又名土蚕、黑地蚕和切根虫等，属于鳞翅目夜蛾科。国内各省、区、市均有发生。食性很杂，主要以幼虫为害菜用黄麻。

1. 症状

以其幼虫为害幼苗，取食幼苗心叶，切断幼苗近地面的根茎部，使整株死亡，造成缺苗断垄，严重地块甚至绝收。

2. 形态特征

卵馒头形，直径约 0.5mm、高约 0.3mm，具纵横隆线。初产乳白色，渐变黄色，孵化前卵一顶端具黑点。蛹体长 18～24mm、宽 6.0～7.5mm，赤褐有光。口器与翅芽末端相齐，均伸达第 4 腹节后缘。腹部第 4～7 节背面前缘中央深褐色，且有粗大的刻点，两侧的细小刻点延伸至气门附近，第 5～7 节腹面前缘也有细小刻点；腹末端具短臀棘 1 对。幼虫圆筒形，老熟幼虫体长 37～50mm、宽 5～6mm。头部褐色，具黑褐色不规则网纹；体灰褐至暗褐色，体表粗糙、布大小不一而彼此分离的颗粒，背线、亚背线及气门线均黑褐色；前胸背板暗褐色，黄褐色臀板上具两条明显的深褐色纵带；胸足与腹足黄褐色。成虫体长 17～23mm、翅展 40～54mm。头、胸部背面暗褐色，足褐色，前足胫、跗节外缘灰褐色，中后足各节末端有灰褐色环纹。成虫对黑光灯及糖、醋、酒等趋性较强。

3. 发病规律

小地老虎发生代数因地区、气候不同而异。在我国从北到南一年发生 1～7 代。在黄河流域麻区每年发生 3～4 代，长江流域麻区每年发生 4～5 代，东南沿海麻区每年发生 6～7 代。

小地老虎是一种迁飞性害虫，在岭南以南、1 月份平均气温高于 8℃地区，终年繁殖为害；在岭南以北、北纬 33°以南，有少量幼虫和蛹越冬，在北纬 33°以北、1 月份平均气温 0℃以下地区，不能越冬。

当年 3—4 月降水少，有利于越冬幼虫化蛹、羽化和成虫产卵，小地老虎就有可能发生为害。

地势较低、土壤湿度大、杂草种类多且生长茂密的地块，适宜小地老虎发育和繁殖。

4. 生活习性

小地老虎一年发生 3～4 代，老熟幼虫或蛹在土内越冬。早春 3 月上旬成虫开始出现，一般在 3 月中下旬和 4 月上中旬会出现两个发蛾盛期。成虫白天不活动，傍晚至前半夜活动最盛，喜欢吃酸、甜、酒味的发酵物和各种花蜜，并有趋光性。幼虫共分6 龄，1、2 龄幼虫先躲伏在杂草或植株的心叶里，昼夜取食，这时食量很小，为害也不十分显著；3 龄后白天躲到表土下，夜间出来为害；5、6 龄幼虫食量大增，每条幼虫一夜能咬断菜苗 4～5 株，多的达 10 株以上。幼虫 3 龄后对药剂的抵抗力显著增加。无论每年发生代数多少，在生产上造成严重为害的均为第一代幼虫。南方越冬代成虫二月份出现，全国大部分地区羽化盛期在 3月下旬至 4 月上、中旬，宁夏、内蒙古为 4 月下旬。

5. 防治方法

（1）物理防治

诱杀成虫：结合黏虫用糖、醋、酒诱杀液或甘薯、胡萝卜等发酵液诱杀成虫。

诱捕幼虫：用泡桐叶或莴苣叶诱捕幼虫，于每日清晨到田间捕捉；对高龄幼虫也可在清晨到田间检查，如果发现有断苗，则拨开附近的土块，进行捕杀。

（2）化学防治

①喷雾：每亩可选用 50％辛硫磷乳油 50mL，或 2.5％溴氰菊酯乳油或 40％氯氰菊酯乳油 20～30mL、90％晶体敌百虫50g，兑水 50L 喷雾。喷药适期应在幼虫 3 龄盛发前。

②毒土或毒砂：可选用 2.5％溴氰菊酯乳油 90～100mL，或50％辛硫磷乳油，或 40％甲基异柳磷乳油 500mL 加水适量，喷拌细土 50kg 配成毒土，每亩 20～25kg 顺垄撒施于幼苗根际附近。

③毒饵或毒草：一般虫龄较大时可采用毒饵诱杀。可选用90％晶体敌百虫 0.5kg 或 50％辛硫磷乳油 500mL，加水 2.5～5.0L，喷在 50kg 碾碎炒香的棉籽饼、豆饼或麦麸上，于傍晚在

受害作物田间每隔一定距离撒一小堆，或在作物根际附近围施，每亩用 5kg。毒草可用 90％晶体敌百虫 0.5kg，拌砸碎的鲜草 75～100kg，每亩用 15～20kg。

二、斜纹夜蛾

斜纹夜蛾又名莲纹夜蛾，俗称夜盗虫、乌头虫等，属昆虫纲鳞翅目夜蛾科。世界性分布。中国除青海、新疆未明，各省、区、市都有发生。幼虫取食黄麻等近 300 种植物的叶片，间歇性猖獗为害。

1. 症状

卵产在菜用黄麻叶背，初孵幼虫集中在叶背为害，残留透明的上表皮，使叶片成纱窗状，3 龄后分散为害，开始逐渐四处爬散或吐丝下坠分散转移为害，取食叶片或较嫩部位造成许多小孔；4 龄以后随虫龄增加食量骤增。虫口密度高时，叶片被吃光，仅留主脉，呈扫帚状。

2. 形态特征

成虫体长 14～20mm，翅展 30～40mm，深褐色。前翅灰褐色，前翅环纹和肾纹之间有 3 条白线组成明显的较宽斜纹，故名斜纹夜蛾。自基部向外缘有 1 条白纹，外缘各脉间有一条黑点。卵馒头状、块产，表面覆盖有棕黄色的疏松绒毛。幼虫体长 35～47mm，体色多变，从中胸到第九腹节上有近似三角形的黑斑各一对，其中第一、第七、第八腹节上的黑斑最大。腹足 4 对。蛹长 15～20mm，腹背面第 4～7 节近前缘处有一小刻点，有一对强大的臀刺。

3. 发病规律

每年发生代数 4～5 代。以蛹在土下 3～5cm 处越冬。成虫白天潜伏在叶背或土缝等阴暗处，夜间出来活动。每只雌蛾能产卵 3～5 块，每块有卵位 100～200 个，卵多产在叶背的叶脉分叉处，经 5～6d 就能孵出幼虫，初孵时聚集于叶背，4 龄以后和成虫一样，白天躲在叶下土表处或土缝里，傍晚后爬到植株上取食叶片。成虫有强烈的趋光性和趋化性，黑光灯的效果比普通灯的诱蛾效果明显，另外对糖、醋、酒味很敏感。卵的孵化适温是 24℃左右；幼虫在气温 25℃时，历经 14～20d，化蛹的适合土壤湿度是含水量 20％左右；蛹期为 11～18d。

4. 生活习性

在长江流域每年发生 5～6 代，世代重叠。主要发生期在 7—9 月，黄河流域则多发生在 8—9 月。成虫夜间活动，对黑光灯有趋性，还对糖、醋、酒及发酵的胡萝卜、麦芽、豆饼、牛粪等有趋性；卵多产于植株中、下部叶片的反面，多数多层排列，卵块上覆盖棕黄色绒毛。幼虫有假死性及自相残杀现象。日间潜伏于残叶或土粒间或接近土面的叶下，日落前再爬出为害。取食幼苗时，可将幼苗全株吃下。老熟幼虫在土中化蛹。

5. 防治方法

（1）农业防治

①清除杂草。

②利用成虫有趋光性和趋糖、醋性的特点，用频振式杀虫灯和糖醋盆等工具诱杀成虫。

③全面覆盖大棚或大棚顶部覆盖防雨薄膜，大棚四周覆盖防虫网，使害虫无法进入大棚。

④根据该虫卵多于叶背、叶脉分叉处和初孵幼虫群集取食的特点，在农事操作中摘除卵块和幼虫群集叶，可以大幅度降低虫口密度。

（2）药剂防治

在卵孵化高峰至低龄幼虫盛发期，突击用药。由于初孵幼虫聚集在卵块附近活动，3 龄后分散，且有昼伏夜出的特性，因此最好在 3 龄前，傍晚 6 时以后施药。低龄幼虫药剂可选用苜蓿夜蛾核多角体病毒 600～800 倍液、24％甲氧虫酰肼乳油 2 500 倍液、5％啶虫隆、5％氟虫脲乳油 2 000～2 500 倍液，10％溴虫腈胶悬剂 1 500 倍液、2.5％氯氟氰菊酯乳油 2 000～3 000 倍液。高龄幼虫可用 15％茚虫威悬浮剂 3 000 倍液、5％甲维盐 4 000 倍液或 5％虱螨脲乳油 1 000 倍液。

三、美洲斑潜蝇

1. 为害症状

整个生育期均可发生为害，主要为害叶片。美洲斑潜蝇以幼虫蛀食叶片上下表皮间的叶肉为主，形成黄白色蛇形斑，坑道长 30～50mm，宽 3cm。成虫产卵取食也造成伤斑。虫体的活动还能传播病毒。

2. 防治方法

可用 1.8％爱福丁 EC（阿维菌素）5 000 倍液，或 52.25％农地乐 EC1 000 倍液，或 48％乐斯本 EC1 000 倍液，或 5％锐劲特 SC800 倍液防治。

四、绿盲蝽

1. 为害症状

成虫、若虫刺吸植株嫩叶，叶片受害形成具大量破孔、皱缩不平的"破叶疯"。腋芽、生长点受害造成腋芽丛生，破叶累累似扫帚苗。

2. 防治方法

多雨季节注意开沟排水、中耕除草，降低园内湿度。在 4 月上中旬抓住第一代低龄期若虫，适时喷洒农药，效果较好的有氧化乐果、杀螟松、杀灭菊酯等。

五、红叶螨

1. 为害症状

春秋季的幼苗及定植后的植株，常有螨虫类寄生，最初在下叶叶背寄生，这时为害尚不严重，发生量大时，甚至寄生于新叶，导致叶片矮小、扭曲，失去生机，呈茶褐色。叶片表面出现白碎花状症状，当叶片营养状态不良时，不断移向新叶，为害迅猛。严重时，全株萎蔫，最后完全枯死。

2. 防治方法

田间始见被害株时，使用阿维菌素或浏阳霉素类农药防治，连续防治2次。重点喷植株顶端幼嫩组织。

六、蚜虫

1. 为害症状

以成虫和若虫群集在叶心、嫩茎取食汁液，造成叶片褪绿、变色、卷曲，顶芽停止生长，植物矮化，还可分泌蜜露，导致煤污病。

2. 防治方法

用40％乐果乳油1 000倍液或50％敌敌畏乳剂1 500倍液喷杀。应早治和及时防治，即在发生蚜的初期就喷药消灭。喷药时以叶片背面为主。

第七章　菜用黄麻加工利用技术

第一节　食用方法与技术

菜用黄麻嫩茎叶柔嫩多汁，口感润滑，具有特殊的香气和风味；适合火锅、爆炒、凉拌、羹汤等多种烹调方法，风味各有不同。鲜菜作汤、炒食宜用嫩茎叶、叶片，用大火快炒，或水沸后放入鲜菜叶即关火，则口感柔软滑嫩而清香可口；若长时间炒，或在沸水中煮久，便变得黏糊软烂。

一、油炸酥片

菜用黄麻嫩茎叶洗净后沥去水分，裹上预先已放好调味料的稀面糊或鸡蛋清，然后一片片地放入油锅中炸至金黄色即捞起，盛于盘中，即成酥脆而芳香的酥香菜黄麻。如调味料中加糖，须注意不要用大火炸，否则易炸焦，不好看也不好吃了。

二、莫洛海芽糕

用菜用黄麻的鲜叶适量切碎或菜用黄麻叶干粉与面粉（或米粉、玉米粉）混合，加适量酵母、糖或盐调味发酵后蒸糕。

三、醋渍菜用黄麻

将菜用黄麻嫩茎尖或叶片洗净后，用酱或醋等各自喜爱的调味料腌渍片刻，即可食用。

四、菜用黄麻代餐粉

将菜用黄麻干品粉碎成细粉；将藜麦粉碎过筛得藜麦粉；针叶樱桃加 2～3 倍水，打浆过滤，滤液经 50～60℃ 低温放置后，形成浓缩的针叶樱桃汁浸膏；将菜用黄麻粉、藜麦粉、针叶樱桃浸膏、蓝莓粉、菊糖充分混合包装即可。

五、菜用黄麻饮料

主要成分包括可食用高硒高钙菜用黄麻浓缩汁 10%～90%，甜味物质 2%～7%，柠檬酸 0.15%～0.30%，油 0.25%～1%，稳定剂 0.05%～0.20%，加水至 100%。产品颜色呈浅黄绿色，具有菜用黄麻叶特有的清香，口感润滑、爽口清凉，内含大量维生素、人体必需矿物质元素及 9 种人体必需氨基酸，是一种消暑、保健的饮料。

六、菜用黄麻咀嚼片

1. 原料准备

采摘鲜嫩菜用黄麻叶进行预处理，清理干净，干燥后，通过粉碎机进行粉碎，用 120 目的细筛进行过筛后，备用。将奶粉以及麦芽糊精同样进行粉碎，过 120 目筛。然后均放置于搅拌机中进行混匀，搅拌 15～20min。

2. 原料混合物打成优级软材

将混匀后的原料加入矫叶剂、黏合剂、润滑剂等（如 10% 淀粉浆以及适量的甘露醇与硬脂酸镁等），使其成为优质、适合压制的软材。

3. 湿法制粒

把制成的优质软材加进纯净水后混合放入颗粒机中进入制粒流程。制成整粒后，其整粒过 20 目筛网。也可手动轻轻压迫筛面上的整粒，从而使符合要求的整粒过网。将成功过筛的整粒置入鼓风烘干箱中，干燥至颗粒含水量为3％。在干燥过程中，要防止结块、变形。通过16目整粒筛网可以成功地分开原本粘连在一起的块状软材。

七、菜用黄麻膨化食品

1. 原料准备

采摘鲜嫩菜用黄麻叶进行预处理，清理干净，干燥后，通过粉碎机进行粉碎，用120目过筛后，备用。

2. 原料混合物打成糊状

将菜用黄麻干粉500g、珠肽粉950g、轻质碳酸钙117.6g、甘草酸19.6g、白糖588g、适量的植物油与香味料等倒入优质纯净水中，应用多功能搅拌机充分搅拌，直至面团成稠度适宜的糊状时为止。

3. 挤压膨化

采用双螺旋挤压膨化机，用5MPa的高压与220℃的高温，800r/min转速挤压膨化，将半成品从出料口挤出。

4. 烘干

将挤出的半成品，放置于容器中，干燥至含水量4％。

5. 整形、切割

将干燥后的成品，用切片机切成均匀的条段。

6. 喷油与调味

在进行喷油、调味过程中，要注意控制出油的量，且油温不能太高。调味要符合市场的地区性品味差异，这应当考虑其中各种味料投放的比例。要进行少量、多次、反复的调试。

7. 涂层工艺

在有巧克力涂层的菜用黄麻膨化食品生产过程中，产品加工的后期阶段应用涂衣机进行涂层。将巧克力浆料倒入缸中（观察涂层的厚度，调节喷料口及进料量），通过循环泵，把巧克力浆输送到浆料的涂布槽，使巧克力浆料可以均匀地流散在菜用黄麻膨化食品的表面。同时要注意风机风量。合适的风量可以将部分过多的巧克力浆料吹散，也能形成波纹。巧克力浆料使用前，须在缸中进行产品的调温（30℃左右），以保证上涂层的均匀以及成品的巧克力口感。再经过 12℃ 的冷却道进行放冷硬化 3min，最后进行拣选。

八、菜用黄麻片剂

将菜用黄麻嫩茎叶干粉 75％～90％、微晶纤维素 8％～20％、二氧化硅 2％～5％，混合搅拌均匀，压片机压制成片剂。

九、菜用黄麻酵素

先将菜用黄麻嫩茎叶、空心莲子草嫩茎叶、坛紫菜切段后匀浆，再将菜用黄麻匀浆、空心莲子草匀浆、坛紫菜匀浆和纯净水混合均匀，得菜汁匀浆，在菜汁匀浆中加入复合酶制剂进行酶解，酶解后再分别加入菜汁匀浆、蔗糖、乳糖、低聚木糖、乳酸菌和纯净水，经过多次发酵，得到复方植源性三素膳补酵素。

第二节　帝皇养生麻茶

一、营养成分

2010 年福建农林大学祁建民教授与华南女子职业学院罗玉芳老师，研发出长蒴黄麻倍制帝皇养生麻茶生产工艺技术，并获得国家发明专利，2012 年与福建泉州连联心茶叶有限公司林高兴高级评茶师强强联合，进行帝皇养生麻茶产业化研发，成功开发出帝皇养生麻茶系列新产品。养生麻茶叶绿色，汤水为橘黄色，开水冲泡 10 遍后叶片仍为金黄色。饮后给人以圆润甘甜、生津止渴的感觉，回味无穷，而无苦湿味和青草味。既有福建铁观音金黄汤色和香味，又具备福建金骏眉茶品的甘甜，是一种极具开发前景的消暑、养生保健的茶饮品；且耐泡，使用工夫茶泡饮，十泡后汤色尚存，韵味悠长。其成分经国家加工食品质量监督检验中心测试（2012 年），营养成分如表 7-1 所示：

表 7-1　帝皇养生麻茶营养成分测定

序号	成分	单位	含量	序号	成分	单位	含量
1	蛋白质	g/100g	31.5	9	绿原素	g/kg	3.84
2	脂肪	g/100g	4.5	10	总皂苷	mg/kg	438
3	总氨基酸	g/100g	18.5	11	β-胡萝卜素	mg/100g	45
4	膳食纤维	g/100g	29.6	12	维生素 E	mg/100g	15
5	钙	mg/kg	12 000	13	维生素 C	mg/100g	12.5
6	铁	mg/kg	210	14	维生素 B_1	mg/100g	45
7	锌	mg/kg	36	15	维生素 B_2	mg/100g	542
8	茶多酚	%	2	16	维生素 B_6	mg/kg	<100

二、发展前景

福建的气候条件和生长环境都适宜帝皇养生麻的生长，福建已经在诏安、龙海、莆田、永泰、福州、寿宁等多地开展帝皇养生麻的培育、种植工作。对于帝皇养生菜用黄麻植区而言，帝皇养生麻茶作为劳动密集型产业可为植区农民提供更多的就业机会，增加农民收入，为实现乡村振兴提供有效的产业支撑和经济基础。故开发帝皇养生麻茶产业经济效益高，发展前景好。

第三节　化妆品中的应用

日本人称菜用黄麻为莫洛海芽，河南莫洛海芽生物科技有限公司主营产品纯植物莫洛海芽护肤品、洗化系列产品和帝王菜系列健康食品。从帝王菜中提炼系列产品，研发出快速修复皮肤、补水、美白、祛斑、修护排毒、美容抗衰、紧致提升防紫外线系列护肤品：莫洛海芽沁养修护洗发沐浴套装、莫洛海芽焕能修复调理霜、莫洛海芽焕能修护精华乳、莫洛海芽焕能修护精粹液、莫洛海芽焕能修护洁颜霜、莫洛海芽舒缓修护植物胶、莫洛海芽肌元弹润修护面膜、莫洛海芽明眸焕彩修护眼膜、莫洛海芽肌元修护调和泥膜。

第四节　功能成分提取

一、叶蛋白

采用酸提法和加热法制备菜用黄麻提取液，浸提剂 pH 5，打浆时间 3min，料液比 1∶8，浸提时间 6min；温度 85℃时，沉淀分离出叶绿体蛋白质，调节提取液 pH 为 3、11 时分别分离出细胞质蛋白质Ⅰ、Ⅱ。菜用黄麻叶蛋白的提取率为 8.07%，得率为 37.59%。菜用黄麻叶片的干粉中蛋白质高达 21.4g/100g，远高于西兰花、韭菜、白菜和芥菜中的蛋白质。

二、多糖和单糖

菜用黄麻嫩茎叶含有丰富的多糖物质，采用蒽酮硫酸法测定菜用黄麻粗多糖含量，并采用 1-苯基-3-甲基-5-吡唑啉酮柱前衍生高效液相色谱（High Performance Liquid Chromatography，HPLC）法测定菜用黄麻粗多糖的单糖组成。菜用黄麻粗多糖的含量为 2.5%，单糖组分主要由鼠李糖、葡萄糖醛酸、半乳糖醛酸、葡萄糖、半乳糖、阿拉伯糖 6 种组成，物质量的比例为 1∶0.82∶0.36∶0.12∶0.47∶0.11，其中鼠李糖含量最高，葡萄糖醛酸次之。多糖作为一类非特异性免疫增强剂，具有增强体质、抗缺氧、抗疲劳、降血脂等功能。

三、色素

菜用黄麻叶片的叶绿素含量达 3.375mg/g，叶绿素是重要的天然色素，由叶绿酸、叶绿醇和甲醇三部分组成，广泛存在于所有可能发生光合作用的高等植物的叶、果和藻类中，在活细胞中与蛋白质相结合形成叶绿体。叶绿素提取物可用于油溶性食品的着色和复配，或用乳化剂乳化后得到水溶性乳状液体。

参 考 文 献

蔡来龙，方平平，王正茂，林俊城，2012. 不同品种、密度和留桩高度对菜用黄麻产量的影响［J］. 长江蔬菜（8）：35-38.

曹华，2010. 保健蔬菜："埃及野菜"的栽培技术［J］. 蔬菜（2）：8-9.

曹利瑞，2012. 高钙富硒菜用黄麻营养成分检测及其高附加值新产品研发研究［D］. 福州：福建农林大学.

陈开兴，2010. 菜用黄麻关键栽培技术［J］. 上海蔬菜（3）：70-71.

陈前，万泗梅，2005. 保健野生蔬菜甜麻叶栽培技术要点［J］. 福建农业科技（1）：21-22.

陈章良，曾宪华，2014. 菜用黄麻高产栽培技术［J］. 福建农业（7）：73.

陈勇玲，林敏荣，2017. 菜用黄麻新品种"福农1号"引种试验及示范［J］. 农技服务，34（15）：11-12.

邓正春，吴平安，杜登科，杨宇，吴勇，2013. 菜用黄麻富硒生产关键技术［J］. 作物研究，27（6）：808-810.

龚秋林，陈勇玲，林敏荣，王富强，陈勇明，2013. 菜用黄麻的研究进展［J］. 中国园艺文摘（9）：222-223.

郭碧瑜，陈玉英，秦晓霜，2004. 补钙佳蔬——菜用黄麻及其栽培要点［J］. 江西农业科技（9）：26-27.

何凡，2009. 菜用黄麻种质资源筛选评价与利用［D］. 福州：福建农林大学.

何欢宇，2008. 上海地区埃及野菜栽培技术［J］. 长江蔬菜（13）：8-9.

侯文焕，赵艳红，唐兴富，廖小芳，李初英，2019. 菜用黄麻种质萌发期耐盐性评价［J］. 植物遗传资源学报（2）.

侯文焕，赵艳红，唐兴富，廖小芳，劳赏业，李初英，2018. 除草剂残留对菜用黄麻幼苗生理特性的影响［J］. 南方农业学报，49（12）：2394-2402.

侯文焕，赵艳红，唐兴富，李初英，2018. 不同处理方法对菜用黄麻种子

萌发的影响 [J]. 热带作物学报, 39 (2): 231-236.

黄其椿, 李初英, 赵洪涛, 刘吉敏, 2011. 广西新型菜用黄麻福农 1 号的特征特性及高产栽培技术 [J]. 广东农业科学 (14): 35-36.

黄淑兰, 凤桐, 朱国民, 赵泰然, 孙秀俊, 王绍伦, 王世发, 2013. 食用黄麻新品种吉引—菜用黄麻 1 号高产栽培技术 [J]. 吉林蔬菜 (5): 18.

黄淑兰, 凤桐, 朱国民, 王绍伦, 赵泰然, 孙秀俊, 安明哲, 刘玉芬, 2013. 食用黄麻新品种吉引菜用黄麻 1 号的选育 [J]. 农业科技通讯 (7): 235-236.

黄淑兰, 王少伦, 朱国民, 赵泰然, 2010. 特种蔬菜菜用黄麻的高产栽培技术 [J]. 吉林蔬菜 (5): 56-57.

李初英, 2016. 富硒高钙保健型帝皇菜用黄麻新品种桂菜用黄麻 1 号 [J]. 农村百事通 (3): 26.

李初英, 黄其椿, 赵洪涛, 赵艳红, 陈玉冲, 何忠, 2015. 富硒高钙保健型帝皇菜用黄麻新品种 "桂菜用黄麻 1 号" 的选育 [J]. 北方园艺 (3): 140-142.

李水风, 徐一平, 钟莉, 郑彩凤, 2012. 菜用黄麻品种比较试验 [J]. 上海蔬菜 (5): 9-10.

李泳梅, 2014. 菜用黄麻营养价值及栽培技术 [J]. 现代农村科技 (24): 18.

李燕, 龚友才, 陈基权, 等, 2010. 菜用黄麻嫩梢营养成分测定与分析 [J]. 中国蔬菜 (14): 67-70.

林建国, 2003. 帝王菜特征特性及栽培 [J]. 农技服务 (2): 13-14.

林建国, 2002. 印度帝王菜高效栽培技术 [J]. 专业户 (12): 9.

林丽英, 2014. 菜用黄麻烘干粉成分测定及其功能性产品研发工艺技术研究 [D]. 福州: 福建农林大学.

林培清, 2011. 菜用黄麻新品种福农 1 号高产栽培技术 [J]. 中国种业 (3) 52-53.

林培清, 祁建民, 林荔辉, 池仁漫, 何凡, 2011. 菜用黄麻新品种福农系列的选育与开发 [J]. 亚热带农业研究, 7 (2): 79-83.

林培清, 祁建民, 林荔辉, 何凡, 陶爱芬, 吴建梅, 蔡来龙, 方平平,

2010. 菜用黄麻新品种福农 1 号的选育 [J]. 中国蔬菜（12）：88 - 90.

卢劲梅，洪建基，曾日秋，李跃森，2009. 菜用黄麻高效配套栽培技术研究 [J]. 中国麻业科学，31（2）：135 - 136.

骆霞虹，朱关林，陈常理，金关荣，2012. 菜用黄麻在浙江的生长表现及其栽培要点 [J]. 农业科技通讯（11）：165 - 166.

毛忠良，潘耀平，戴忠良，吴国平，姚悦梅，秦文斌，肖燕，2001. 长蒴黄麻及其栽培技术 [J]. 长江蔬菜（7）：17.

彭彩，蔡敏，吕发生，陶洪英，栾兴茂，曾晓霞，李雅玲，蔡小蓉，2018. 山峡库区菜用黄麻福农 5 号的品质分析 [J]. 中国麻业科学，40（4）：192 - 196.

邱国清，2016. 菜用黄麻"福农 2 号"主要特征特性及高产栽培模式 [J]. 热带农业科学，36（9）：7 - 11.

陶爱芬，陈娴娴，祁建民，方平平，林荔辉，徐建堂，张立武，吴建梅，林培清，2015. 外源硒及脯氨酸对菜用黄麻生长和生理特性的影响 [J]. 中国麻业科学，37（5）：239 - 245.

王红涛，胡万群，杨龙，2010. 菜用黄麻福农 1 号的功用及高产栽培技术 [J]. 现代农业科技（21）：132.

吴立东，2014. 埃及野麻婴特征特性及栽培技术要点 [J]. 三明农业科技（1）：9.

饶璐璐，1999. 含钙、钾丰富的菜用黄麻 [J]. 中国食品（2）：19.

叶少平，杨万全，张寿宽，2009. 新型蔬菜"帝王菜"及其栽培技术 [J]. 四川农业科技（5）：42 - 43.

粤实，2007. 野生蔬菜甜麻叶栽培技术 [J]. 农村实用技术（4）：31.

曾日秋，洪建基，李跃森，杨炎兴，2010. 菜用黄麻资源筛选及品质评价 [J]. 中国麻业科学，32（4）：189 - 192.

赵洪涛，李初英，黄其椿，赵艳红，方岩岩，2012. 广西引种菜用黄麻试验初报 [J]. 中国麻业科学，34（2）：70 - 73.

赵艳红，黄其椿，赵洪涛，唐兴富，侯文焕，劳赏业，李初英，2017. 桂菜用黄麻 1 号和桂菜用黄麻 2 号的营养成分分析 [J]. 南方农业学报（1）：127 - 131.

赵艳红，赵洪涛，黄其椿，唐兴富，劳赏业，李初英，2016. 菜用黄麻桂菜用黄麻 1 号与桂菜用黄麻 2 号高产栽培技术及食用方法 [J]. 现代农业科技 (9)：97 - 98.

赵艳红，侯文焕，唐兴富，廖小芳，李初英，2018. 不同追肥与采摘次数对菜用黄麻产量的影响 [J]. 西南农业学报，31 (7)：1432 - 1435.

赵艳红，侯文焕，唐兴富，劳赏业，李初英，2018. 菜用黄麻对硒的累积规律 [J]. 北方园艺 (9)：73 - 76.

Akoroda M O, 1988. Cultivation of jute (*Corchorus olitorius* L.) for edible leaf in Nigeria [J]. *Tropical Agriculture*.

Dewanjee S, Gangopadhyay M, Sahu R, et al, 2013. Cadmium induced pathophysiology：Prophylactic role of edible jute (*Corchorus olitorius*) leaves with special emphasis on oxidative stress and mitochondrial involvement [J]. *Food and Chemical Toxicology*, 60：188 - 198.

Dewanjee S, Sahu R, Karmakar S, et al, 2013. Toxic effects of lead exposure in Wistar rats：Involvement of oxidative stress and the beneficial role of edible jute (*Corchorus olitorius*) leaves [J]. *Food and Chemical Toxicology*, 55：78 - 91.

Mutuli G P, Mbuge D O, 2015. Drying characteristics and energy requirement of drying cowpea leaves and jute mallow vegetables [J]. *Agricultural Engineering International*：*CIGR Journal*, 17 (4)：265 - 272.

Ngomuo M, Stoilova T, Feyissa T, Kassim N, Ndakidemi P A, 2017. The genetic diversity of leaf vegetable jute mallow (*Corchorus spp.*)：A review [J]. *Indian Journal of Agricultural Research*, 51 (5)：405 - 412.

Sarker S R, Chowdhury M A H, Saha B K, et al, 2012. Nutritional status of edible jute leaves as influenced by different levels of potassium [J]. Journal of Agroforesry Enviromental, 6 (1)：135 - 138.

Traoré K, Parkouda C, Savadogo A, Ba/Hama F, Kamga R, Traoré Y, 2017. Effect of processing methods on the nutritional content of three traditional vegetables leaves：Amaranth, black nightshade and jute mallow [J]. Food Science & Nutrition, 5 (6)：1139 - 1144.

附录　菜用黄麻资源评价的
主要观测内容及标准

1. 试验地点

试验种植的地点。省—市（县）—乡—村—自然村或组。

2. 试验地的基本情况

如土壤质地（沙壤、黏壤、壤土等）、排灌条件、四周的植被、前茬作物等。

3. 物候期观察

（1）播种日期

进行菜用黄麻种质形态特征和生物学特性鉴定时的实际种子播种日期。用"年月日"表示，格式为"YYYYMMDD"。

（2）出苗期

50%幼苗子叶展平的日期。用"年月日"表示，格式为"YYYYMMDD"。

（3）现蕾期

50%植株现蕾（蕾大小为肉眼可见）的日期。用"年月日"表示，格式为"YYYYMMDD"。

（4）开花期

50%植株开花（花冠完全张开）的日期。用"年月日"表示，格式为"YYYYMMDD"。

（5）结果期

50%植株结果（长果种果长 1～2cm，圆果种果径 0.5cm 以上）的日期。用"年月日"表示，格式为"YYYYMMDD"。

（6）始收期

30%的植株第一次采收的日期。以"年月日"表示，格式为"YYYYMMDD"。

（7）末收期

最后一次采收的日期。以"年月日"表示，格式为"YYYYMMDD"。

（8）种子成熟期

2/3以上的植株，单株2/3以上的蒴果变成褐色的日期。用"年月日"表示，格式为"YYYYMMDD"。

（9）全生育期

从出苗期至最后一季种子成熟期的天数。单位为d。

4. 生物学特性

（1）子叶形状

第一片真叶展开时，菜用黄麻子叶的形状，分为卵圆形、椭圆形和长椭圆形。

（2）子叶色

第一片真叶展开时，菜用黄麻子叶的颜色，分为浅绿、黄绿、绿和深绿。

（3）下胚轴色

第一片真叶展开时，菜用黄麻下胚轴颜色，分为绿和红。

（4）叶形

现蕾期，菜用黄麻叶片的形状，分为卵圆、披针和椭圆。

（5）叶尖形状

现蕾期，菜用黄麻叶片的叶尖形状，分为渐尖、锐尖和钝尖。

（6）叶缘形状

现蕾期，菜用黄麻叶片的叶缘形状，分为锯齿、牙齿和钝齿。

（7）叶色

现蕾期，菜用黄麻叶片的颜色，分为浅绿、黄绿、绿、深绿和红。

（8）叶长

现蕾期，菜用黄麻生长点以下倒数第 6～15 完全展开叶基部至最尖端的距离。单位为 cm，精确到 0.1cm。

（9）叶宽

现蕾期，菜用黄麻生长点以下倒数第 6～15 完全展开叶最宽处的宽度。单位为 cm，精确到 0.1cm。

（10）叶面积

现蕾期，菜用黄麻生长点以下倒数第 6～15 完全展开叶的面积。单位为 cm^2，精确到 $0.1cm^2$。

（11）叶姿

菜用黄麻叶角为叶片与主茎的夹角。根据叶角大小，分为直立、水平和下垂。直立：叶片向上而立，叶角小于 $60°$；水平：叶片沿水平方向伸展，叶角为 $60°～105°$；下垂：叶片向下而垂，叶角大于 $105°$。

（12）叶柄色

菜用黄麻叶片叶柄的颜色，分为绿、浅红、红和紫红。

（13）叶柄表面

菜用黄麻植株叶柄表面毛刺状况，分为光滑和粗糙。

（14）叶柄长

菜用黄麻生长点以下倒数第 6～15 完全展开叶的叶柄长度。单位为 cm，精确到 0.1cm。

（15）腋芽

现蕾期，菜用黄麻植株中部茎节上腋芽的有无。

（16）托叶的大小

现蕾期，每份种质的托叶有无和大小。

（17）托叶颜色

现蕾期，菜用黄麻植株托叶的颜色，分为绿和红。

（18）叶缘色

现蕾期，菜用黄麻植株中部叶片叶缘的颜色，分为绿和红。

（19）叶脉色

现蕾期，菜用黄麻植株中部叶片叶脉的颜色，分为绿和白。

（20）株高

末收期，菜用黄麻植株从主茎基部到主茎生长点的高度。单位为 cm，精确到 0.1cm。

（21）茎型

现蕾期，菜用黄麻植株茎秆弯直状况。

（22）茎粗

末收期，主茎基部以上全株高度 1/3 处的粗度。单位为 cm，精确到 0.01cm。

（23）茎表面

现蕾期，菜用黄麻植株茎秆表面的状况，分为光滑、具毛和具刺。

（24）苗期茎色

出苗 10～15d 后，菜用黄麻植株茎表面的颜色，分为浅绿、黄绿、绿、深绿、淡红、红、鲜红、条红和褐。

（25）中期茎色

出苗 60～80d 后，菜用黄麻植株茎表面的颜色，分为浅绿、黄绿、绿、深绿、淡红、红、鲜红、条红和褐。

（26）后期茎色

开花后期，菜用黄麻植株茎表面的颜色，分为绿、淡红、红、条红和褐。

（27）花萼色

菜用黄麻完全开放花的萼片颜色，分为绿和红。

（28）花瓣色

菜用黄麻完全开放花的花瓣颜色，分为黄和紫。

（29）柱头色

菜用黄麻完全开放花的柱头颜色，分为红和紫。

（30）花药色

菜用黄麻完全开放花的花药颜色，分为黄和紫。

（31）花果着生部位

结果期，菜用黄麻花果在茎秆上的着生状况，分为节上和节间。

（32）蒴果类型

结果期，菜用黄麻植株蒴果大小，分为小、中和大。

（33）蒴果长度

结果期，菜用黄麻植株蒴果的长度。单位为 cm，精确到 0.1cm。

（34）蒴果宽度

结果期，菜用黄麻植株蒴果的宽度。单位为 cm，精确到 0.1cm。

（35）果形

结果期，菜用黄麻种质的果形，分为长柱形、梨形、球形和扁球形。

（36）果实色

结果期，菜用黄麻蒴果表面的颜色，分为绿和红。

（37）果表

结果期，菜用黄麻蒴果表面毛刺和密度，分为光滑和粗糙。

（38）果实开裂

结果期，菜用黄麻蒴果开裂习性，分为开裂和闭合。

（39）种皮颜色

目测正常成熟的菜用黄麻种子表皮颜色，分为绿、蓝、棕、褐和黑。

（40）种子千粒重

菜用黄麻 1 000 粒种子（含水量在 12％以下）的重量。单位为 g，精确到 0.1g。

（41）种子发芽率

菜用黄麻成熟、饱满和清洁的种子的发芽率。以％表示。

（42）第一分枝节位

菜用黄麻植株第一个有效分枝的节位。精确到整位数。

（43）节数

菜用黄麻植株从茎秆子叶节至第一个有效分枝的节位。精确到整位数。

（44）形态一致性

菜用黄麻种质群体内，单株间的形态一致性，分为一致、连续变异和非连续性变异。

（45）种子数

果实成熟期，计算菜用黄麻每个蒴果的种子数。单位为粒，精确到 0.1 粒。

5. 产量

登记各品种每批次采收的嫩茎叶质量，一般采收前、后期每隔 7～10d 采一批。

（1）前期产量

以对照品种作为计算标准，从对照品种始收当日计起至第 20 天内所收获产量总和。单位为 kg/hm^2。

（2）总产量

从始收至末收的产量总和。单位为 kg/hm^2。

（3）单株产量

总产量除以总株数后的质量。单位为 kg/株。

（4）单产

整个采收期内收获嫩茎叶的总质量除以单位面积。单位为 kg/hm²。

6. 品质特性

（1）耐贮藏性（货架期）

嫩茎叶在一定贮藏条件下和一定的期限内保持新鲜状态和原有品质不发生明显劣质的特性，即耐贮藏的能力，可分为强、中、弱。

（2）维生素 C 含量

菜用黄麻嫩茎叶中维生素 C 的含量。单位为 mg/100g。

（3）多糖含量

菜用黄麻嫩茎叶中多糖含量。以％表示。

（4）膳食纤维含量

菜用黄麻嫩茎叶中膳食纤维的含量。以％表示。

7. 抗逆性

（1）耐旱性

菜用黄麻的生物学产量高，营养体大，需水量多，尤其在旺长期间。在苗期和生长前期，因为植株弱小，田间发生干旱时，植株会表现出明显受害症状。菜用黄麻耐旱性鉴定可以选择在苗期或生长前期进行。

用农田土作基质，加入适量 N、P、K 复合肥，盆栽试验。每份种质设 3 次重复（盆），每一重复保证 15 株苗。设抗旱性最强和最弱的 2 个品种为对照。5 片真叶前正常管理，保持土壤湿润。5 片真叶后使用称重法控制水分，设轻度、中度、重度（土壤相对含水量分别为 30％～35％、25％～30％、20％～25％）三个梯度，进行水分胁迫处理，重复 3 次，以正常供水为对照。

土壤水分胁迫持续 10d 后恢复正常田间管理。10d 后调查每份种质的恢复情况，恢复级别根据植株的受害症状定为 3 级，如附表 1 所示。

附表 1 耐旱性恢复情况分级标准

级别	恢复情况
1 级	叶片凋萎最少，或恢复最快
2 级	介于 1~3 级恢复情况的中间状态
3 级	叶片凋萎最多，或恢复最慢

根据恢复级别计算恢复指数，计算公式为：

$$RI = \frac{\sum (x_i \times n_i)}{3N} \times 100 \qquad (式 1)$$

式中，RI 为恢复指数；x_i 为各级旱害级值；n_i 为各级旱害株数；i 为病情分级的各个级别；N 为调查总株数。

耐旱性根据苗期恢复指数分为 3 级：强：$RI<30$；中：$30 \leqslant RI<60$；弱：$RI \geqslant 60$。

（2）耐涝性

菜用黄麻虽然是耐涝性较强的作物，但在苗期和生长前期，由于麻苗弱小，田间过湿或淹水时间过长时，尤其在低温阴雨天气下，幼苗容易烂苗，甚至死亡。菜用黄麻耐涝性鉴定一般在苗期或生长前期进行。

选择保水性较好的水稻田作实验用地，除每份种质种植 2 行，每一重复保证 40 株苗。设耐涝性强、中、弱三品种为对照。在植株 4 片叶前正常育苗管理。5 片叶后灌水，保持田间水层高出土面 1~2cm，持续 5d 后恢复正常田间管理。7d 后用目测的方法调查所有供试种质的受淹情况，恢复级别根据植株的恢复和死亡状况分为 5 级，如附表 2 所示。

附表 2 耐涝性恢复情况分级标准

级别	恢复情况
0 级	完全叶基本恢复，或仅叶片尖部稍枯萎，植株生长正常
1 级	无枯死叶，枯萎叶片不超过 3 片
2 级	植株基本恢复生长，枯死叶不超过 2 片
3 级	完全叶枯死 3～4 片，有新叶长出
4 级	植株基本死亡

根据恢复级别计算恢复指数，计算公式为：

$$RI = \frac{\sum (x_i \times n_i)}{4N} \times 100 \qquad (式2)$$

式中，RI 为恢复指数；x_i 为各级涝害级值；n_i 为各级涝害株数；i 为病情分级的各个级别；N 为调查总株数。

耐涝性根据苗期恢复指数分为 3 级：强：$RI<30$；中：$30 \leqslant RI<65$；弱：$RI \geqslant 65$。

（3）耐寒性

菜用黄麻性喜温暖，耐热怕寒。生长适宜温度为 25～38℃。不同生育时期对温度的要求有所差别。苗期耐寒性较弱，若处于 10℃以下的时间较长，会停止生长，甚至烂根死亡。菜用黄麻耐寒性鉴定可以选择在苗期进行。

耐寒性鉴定方法采用人工模拟气候鉴定法，具体方法如下：

将不同种质的种子在温室里播种，每份种质 20 株，3 次重复。2 片真叶后移至光照培养箱内进行处理，白天（12.0±0.5）℃，光照 30μmol/(m²·s)，夜间（5.0±0.5）℃。在温室播种耐寒性强、中、弱的对照品种，白天平均 25.0℃，光照 3 000μmol/(m²·s)；夜间平均 20.0℃。处理 7d 后，用目测的方法观察幼苗受冷害症状，冷害级别根据冷害症状分为 5 级，如附表 3 所示。

附表 3　耐寒性恢复情况分级标准

级别	恢复情况
0 级	无冷害现象发生
1 级	叶片稍有萎蔫
2 级	叶片失水较为严重
3 级	叶片严重萎蔫
4 级	整株萎蔫死亡

根据冷害级别计算冷害指数，计算公式为：

$$RI = \frac{\sum (x_i \times n_i)}{4N} \times 100 \qquad (式3)$$

式中，RI 为冷害指数；x_i 为各级冷害级值；n_i 为各级冷害株数；i 为病情分级的各个级别；N 为调查总株数。

耐寒性根据苗期恢复指数分为 3 级：强：$RI<50$；中：$50 \leqslant RI<70$；弱：$RI \geqslant 70$。

（4）耐盐碱性

不同种质间菜用黄麻耐盐碱能力差别较大。采用 $MgSO_4$ 进行耐盐筛选，$Na_2CO_3 + NaHCO_3$（质量比 1：3）进行耐碱筛选。在苗期和生长前期，植株弱小，受盐碱为害会表现出明显受损害症状。菜用黄麻耐盐碱鉴定一般在苗期进行。

用农田土作为基质，加入适量 N、P、K 复合肥，盆栽试验。每份种质设 3 次重复（盆），一盆为对照，以抗盐碱性最强和最弱的 2 个品种为对照。二盆加入适量的 $MgSO_4$ 和 $Na_2CO_3 +$ $NaHCO_3$（质量比 1：3），使土壤盐分含量达到 0.4% 左右。每个重复 15 株苗，3 次重复。3 片真叶期调查植株受害情况，记录受害级别，如附表 4 所示。

附表4 耐盐碱性恢复情况分级标准

级别	恢复情况
1级	幼苗生长正常，健壮，子叶绿色，肥壮，主根白色，须根多而发达
2级	幼苗生长受抑制，子叶窄小，叶片紫红色，幼苗较瘦，全茎紫红色，主根粗短，须根向土表横向生长，较少，幼根呈凹陷斑
3级	幼苗萎缩或死亡，子叶萎缩脱离，全茎紫红色，茎老化，部分开始萎缩，主根萎缩，或主根、须根全部枯萎死亡

根据受害级别计算盐碱害指数，计算公式为：

$$RI = \frac{\sum (x_i \times n_i)}{3N} \times 100 \qquad （式4）$$

式中，RI 为盐碱害指数；x_i 为各级盐碱害级值；n_i 为各级盐碱害株数；i 为病情分级的各个级别；N 为调查总株数。

耐盐碱性根据苗期盐碱害指数分为3级：强：$RI<30$；中：$30{\leqslant}RI<60$；弱：$RI{\geqslant}60$。

（5）抗倒性

菜用黄麻平均株高1～2m，高者可达3～4m，叶片繁茂，中后期遇到风害时容易擦伤，进而倒伏或者折断，从而影响菜用黄麻嫩茎叶的产量、品质以及麻籽的产量。菜用黄麻的抗倒性鉴定一般在生长的中后期进行。

在风害比较严重的地区，当发生风害2～4d后，菜用黄麻植株出现明显的擦伤、倒伏和折断，以整个试验小区的全部植株为观测对象，目测调查菜用黄麻植株的受害情况。

根据受害程度及下列说明，确定种质的抗倒性。极强：无擦伤，不倒伏，折断株率<3%；强：轻度擦伤，倒伏<15°，3%≤折断株率<5%；中：中度擦伤，15°≤倒伏<45°，5%≤折断株率<10%；弱：重度擦伤，倒伏≥45°，折断株率≥10%。

8. 抗病虫性

（1）根结线虫病（*Meloidogyne* spp.）抗性

菜用黄麻根结线虫病的抗性鉴定在连作菜用黄麻 3 年以上、根结线虫病严重的地块种植诱致发病鉴定，收获后调查根系上根结的多少，并统计发病率。

每 20 个种质材料设置 2 个对照品种，1 个为抗病品种，1 个为感病品种。

菜用黄麻植株收获后 7～10d，以试验小区全部植株为观察对象，挖出植株，逐株目测，调查根部发病情况和受害程度。病情分级标准如附表 5 所示。

附表 5　根结线虫病病情分级标准

病级	病　　情
0 级	无根结
1 级	仅有少量根结
2 级	根结明显，根结比例小于 25%
3 级	根结比例介于 25%～50%
4 级	根结比例介于 50%～75%
5 级	根结比例达 75% 以上

根据病级计算根瘤指数（*GI*），计算公式为：

$$GI = \frac{\sum (s_i \times n_i)}{5N} \times 100 \qquad （式 5）$$

式中，*GI* 为根瘤指数；s_i 为发病级别；n_i 为相应发病级别的株数；i 为病情分级的各个级别；N 为调查总株数。

根据病情指数，将菜用黄麻种质对根结线虫病的抗性划分为 4 级，如附表 6 所示。

附表6　对根结线虫病抗性的分级

级别		根瘤指数
1	高抗（HR）	$GI<25$
2	中抗（MR）	$25{\leqslant}GI<50$
3	中感（MS）	$50{\leqslant}GI<75$
4	高感（HS）	$GI{\geqslant}75$

必要时，计算相对根瘤指数，用以比较不同批次试验材料的抗病性。

（2）炭疽病菌（*Colletotrichum corchorum* Ikata et Tanaka）抗性

菜用黄麻对炭疽病的抗性鉴定可以参考以下苗期人工接种鉴定法。

鉴定材料准备：

播种育苗：设置适宜的感病和抗病对照品种。各参试种质经5％次氯酸钠溶液消毒10min后，用清水冲洗，恒温培养箱中15～20℃催芽，将其播于塑料育苗盘内，覆土1～2cm，土壤湿度为手握成团、落地即散为准。育苗基质为消毒（121℃高压灭菌2h）的蛭石草炭营养土（3∶1）。在日光温室里育苗，室内温度20～25℃。每份参试种质重复3次，每一重复保证30株苗。

接种液的制备：病原菌在PDA平板上培养活化，将接种环在培养基表面轻轻摩擦使孢子悬浮在无菌水中，然后用双层纱布过滤，除去菌丝体和培养基碎块。用无菌水1 000r/min洗涤3次。提取10mL病原菌放在平底的培养皿中，低倍显微镜下观察每一视野中孢子的数目，用清水调节孢子悬浮液的浓度，调至每一视野6～8个孢子。按此加清水的比例稀释所有的菌液至要求的孢子悬浮液浓度，立即使用。

接种方法：在1片真叶期接种。接种采用喷雾接种法。用小型手持喷雾器将上述接种液均匀地喷于菜用黄麻整株。接种后于

20～22℃的温室内黑暗保湿 48h，后转入白天 22～25℃、夜晚
18℃左右的温室内正常管理。

病情调查与分级标准：接种后 20d 左右调查发病情况，记录
病斑面积及病级。

病情分级标准如附表 7 所示：

附表 7　炭疽病病情分析标准

病级	病　　情
0 级	无症状
1 级	病斑在叶片上（茎上）零星发生
2 级	病斑面积占叶面积的 10%，一碰不落叶或茎上病斑不多于 10 个
3 级	病斑面积占叶面积的 30%，一碰即落或茎上病斑为 20～40 个
4 级	病斑面积占叶面积的 50%，叶片变黄并落叶或茎上病斑多于 40 个

根据病级计算病情指数，计算公式为：

$$DI = \frac{\sum (s_i \times n_i)}{4N} \times 100 \qquad （式 6）$$

式中，DI 为病情指数；s_i 为发病级别；n_i 为相应病级级别
的株数；i 为病情分级的各个级别；N 为调查总株数。

种质群体对炭疽病的抗性依据苗期病情指数分为 6 级，如附
表 8 所示。

附表 8　对炭疽病抗性的分级

	级　　别	病情指数
0	免疫（I）	$DI=0$
1	高抗（HR）	$0<DI\leqslant25$
3	抗病（R）	$25<DI\leqslant30$
5	中抗（MR）	$30<DI\leqslant50$
7	中感（MS）	$50<DI\leqslant70$
9	高感（HS）	$DI>70$

必要时，计算相对病情指数，用以比较不同批次试验材料的抗病性。

（3）苗期立枯病菌（*Rhizoctonia solani* Kuhn）抗性

菜用黄麻植株对立枯病的抗性鉴定采用苗期田间自然发病鉴定。

每份种质每个重复播种 2 行，每隔 20 个种质材料设置抗病、感病的对照品种各 1 个。

以试验小区全部植株为观察对象。7 片真叶期、株高 30cm时，调查每株菜用黄麻在自然发病状态下，因感染立枯病菌表现出的受害情况和发病程度。

受害程度用被害率表示，单位为％，精确到 0.1％，计算公式为：

$$DR = \frac{X}{N} \times 100 \qquad （式 7）$$

式中，*DR* 为被害率；*X* 为被害株数；*N* 为调查总株数。

以％表示，精确到 0.1％。

根据被害率，确定每份种质苗期立枯病的抗性等级，如附表 9 所示。

附表 9　对立枯病抗性的分级

级别		病情指数
1	抗病（R）	$DR < 30.0$
2	中抗（MR）	$30.0 \leqslant DR < 70.0$
3	感病（S）	$DR \geqslant 70.0$